교과서 GO! 사고력 GO!

GO! 매쓰

GO!

Run-C

교과서 사고력

수학 1-2

구성과 특징

교과 집중 학습

1 교과서 개념 완성

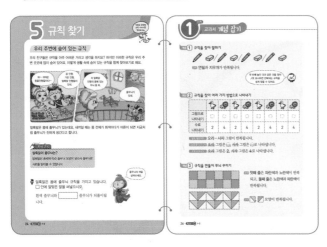

재미있는 수학 이야기로 단원에 대한 흥미를 높이고, 교과서 개념과 기본 문제를 학습합니다.

2 교과서 개념 PLAY

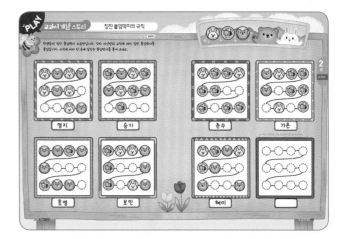

게임으로 개념을 학습하면서 집중력을 높여 쉽게 개념을 익히고 기본을 탄탄하게 만듭니다.

3 문제 풀이로 실력 & 자신감 UP!

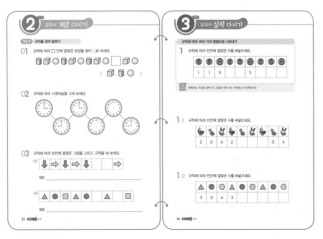

한 단계 더 나아간 교과서와 익힘 문제로 개념을 완성하고, 다양한 문제 유형으로 응용력을 키웁니다.

4 서술형 문제 풀이

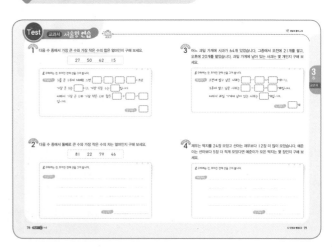

시험에 잘 나오는 서술형 문제 중심으로 단계별로 풀이하는 연습을 하여 서술하는 힘을 높여 줍니다.

교과 + 사고력 완성!

사고력 확장 학습

1 사고력 PLAY

교과 심화 문제와 사고력 문제를 게임으로 쉽게 접근하여 어려운 문제에 대한 거부감을 낮추고 집중력을 높입니다.

2 교과 사고력 잡기

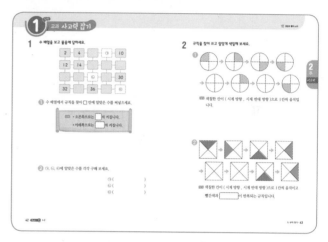

문제에 필요한 요소를 찾아 단계별로 해결하면서 문제 해결력을 키울 수 있는 힘을 기릅니다.

3 교과 사고력 확장+완성

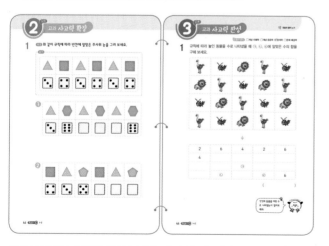

틀에서 벗어난 생각을 하여 문제를 해결하는 창의적 사고력을 기를 수 있는 힘을 기릅니다.

4 종합평가 / 특강

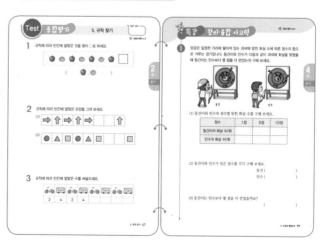

교과 학습과 사고력 학습을 얼마나 잘 이해하였는지 평가하여 배운 내용을 정리합니다.

준비물 붙임딱지

나란히 달린 포도알에 적힌 두 수의 합과 같은 포도알이 바로 아래에 달리는 규칙으로 포도알이 달렸습니다. 포도알이 주렁주렁 달릴 수 있게 규칙에 알맞은 포도알 붙임딱지를 붙여 보세요.

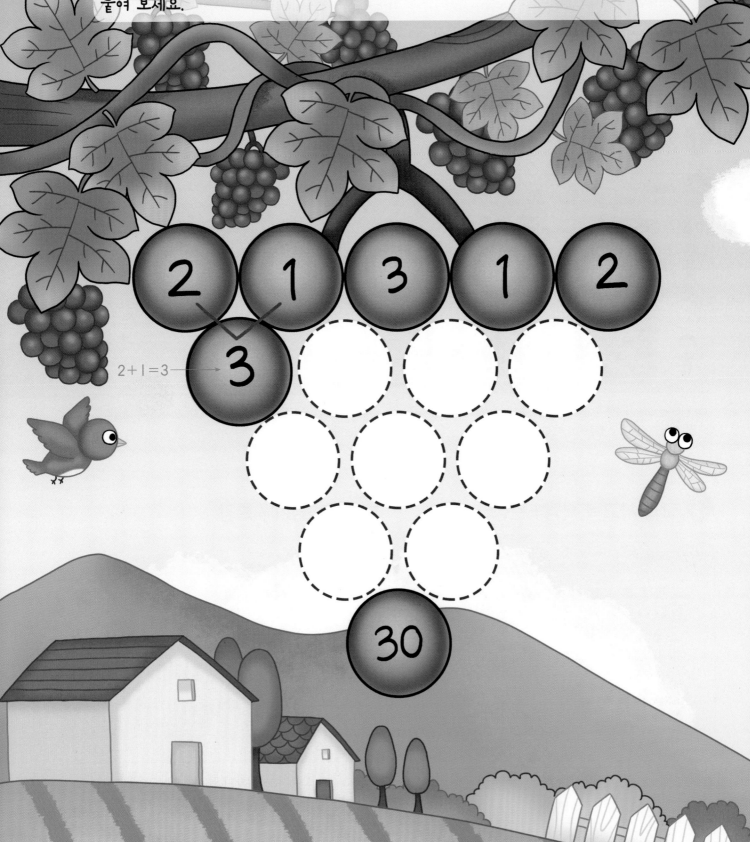

준비물 ◀ 붙임딱지

물건을 실어 나르는 트럭이 있습니다. 세 수의 계산은 앞에서부터 차례로 계산한다고 합니다. 트럭이 짐을 실어 나를 수 있도록 덧셈·뺄셈 바퀴 붙임딱지를 붙여 보세요.

8 ◯ 4 ◯ 8 = 12

5 ◯ 3 ◯ 7 = 15

8 ◯ 5 ◯ 8 = 11

교과 사고력 잡기

1 가로, 세로 방향에 있는 두 수의 합이 각각 □ 안의 수가 됩니다. 필요 없는 수를 모두 찾아 ×표 하세요.

①

	11	14	15	
	7	8	3	15
	5✕	6	6	12
	4	3✕	9	13

②

	12	15	16	
	3	9	9	18
	4	2	7	11
	8	6	5	14

③

	12	16	11	
	4	7	6	13
	9	3	5	14
	3	9	8	12

④

	14	15	14	
	7	8	4	15
	6	7	9	16
	7	6	5	12

가로 (→) 방향 또는 세로 (↓) 방향으로 두 수의 합이 □ 안의 수가 되도록 해요.

YES

2 다음 그림에 나타난 뺄셈식에는 일정한 규칙이 있습니다. ⭐이 있는 칸에 들어갈 뺄셈식과 차가 같은 뺄셈식 2개를 그림에서 찾아 써 보세요.

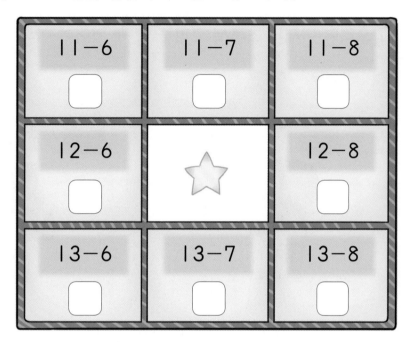

① ☐ 안에 알맞은 수를 써넣으세요.

② ⭐이 있는 칸에 들어갈 뺄셈식을 쓰고 계산해 보세요.

③ ⭐이 있는 칸에 들어갈 뺄셈식과 차가 같은 뺄셈식 2개를 그림에서 찾아 써 보세요.

3 동혁이와 민재는 고리 던지기 놀이를 하고 있습니다. 동혁이는 가지고 있던 노란색과 파란색 고리를 모두 던져서 걸었습니다. 민재는 가지고 있던 빨간색 고리를 던져서 걸었고 초록색 고리를 던질 차례입니다. 두 사람이 걸은 고리의 개수가 같으려면 민재는 초록색 고리를 몇 개 걸어야 하는지 구해 보세요.

❶ 동혁이가 걸은 고리는 모두 몇 개일까요?

(   )

❷ 민재가 걸은 빨간색 고리는 몇 개일까요?

(   )

❸ 두 사람이 걸은 고리의 개수가 같으려면 민재는 초록색 고리를 몇 개 걸어야 하는지 구해 보세요.

(   )

4 구슬을 빨간색, 파란색, 노란색 3개의 주머니에 모두 나누어 담았습니다. 주머니에 담은 구슬의 수를 나타내는 식을 보고 구슬이 가장 많이 들어 있는 주머니와 가장 적게 들어 있는 주머니의 구슬 수의 차를 구해 보세요.

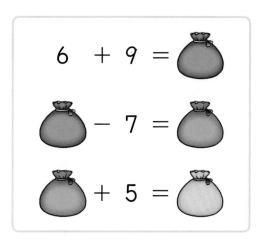

1주
사고력

① 각 주머니에 담은 구슬의 수를 구해 보세요.

② 구슬이 가장 많이 들어 있는 주머니는 □ 색 주머니이고, 구슬이 가장 적게 들어 있는 주머니는 □ 색 주머니입니다.

③ 구슬이 가장 많이 들어 있는 주머니와 가장 적게 들어 있는 주머니의 구슬 수의 차를 구해 보세요.

(   )

1 보기 의 규칙에 따라 ☐ 안에 알맞은 수를 써넣으세요.

보기

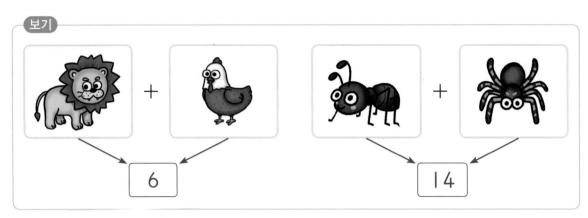

1 보기 의 규칙을 찾아보세요.

규칙 동물의 다리 수의 (합 , 차)을/를 ☐ 안에 써넣습니다.

2 문어   메뚜기

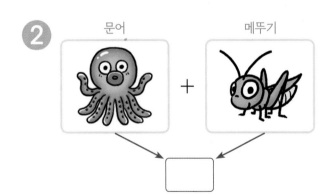

3 사마귀   사슴벌레

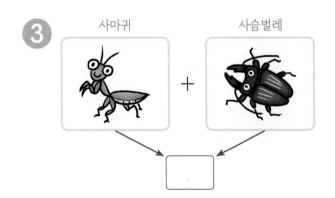

2 보기와 같이 ▨ 안에 성냥개비 1개를 더 그려 넣어 올바른 식으로 만들어 보세요.

보기

→ 7+9=16

❶

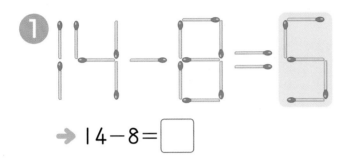

→ 14−8=☐

❷

→ 12−☐=3

❸

→ ☐+7=15

3 | 부터 9까지의 수를 한 번씩만 사용하여 가로에 놓인 세 수의 합과 세로에 놓인 세 수의 합이 같도록 놓으려고 합니다. 빈칸에 알맞은 수를 써넣으세요.

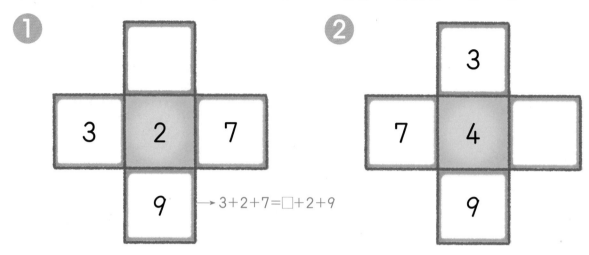

①
3 2 7
9 → 3+2+7=□+2+9

②
3
7 4
9

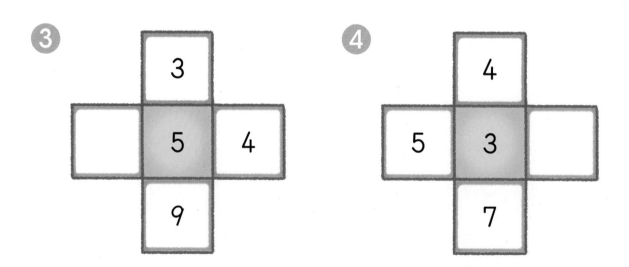

③
3
5 4
9

④
4
5 3
7

4 〔보기〕를 보고 규칙을 찾아 빈 곳에 알맞은 수를 써넣으세요.

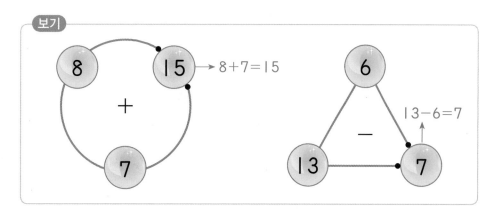

①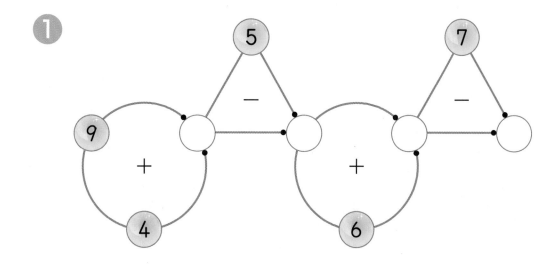

②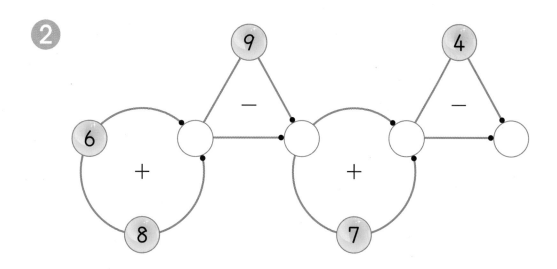

1
주

사고력

1 보기의 규칙에 따라 빈 곳에 알맞은 수를 써넣으세요.

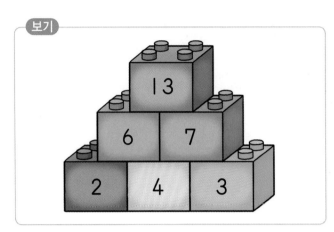

①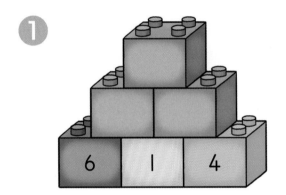

②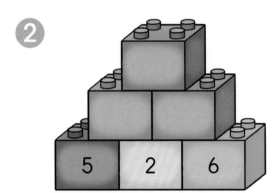

③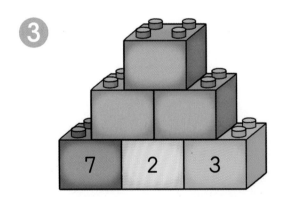

④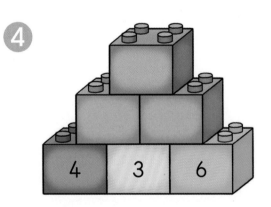

나란히 놓은 블록과 그 위에 꽂은 블록 사이의 관계를 찾아보세요.

평가 영역 ☐개념 이해력 ☑개념 응용력 ☐창의력 ☐문제 해결력

2 영지와 승호는 사탕을 (십몇)−(몇)의 차가 같도록 2개씩 나누어 먹기로 했습니다. 두 사람이 가진 사탕에 쓰여진 수의 차가 같도록 사탕의 빈 곳에 알맞은 수를 써넣으세요.

영지   승호

1 6, 12, 7, 11로 만들 수 있는 (십몇)−(몇)의 뺄셈식을 모두 계산해 보세요.

$$11-6=\boxed{} \qquad 11-7=\boxed{}$$

$$12-6=\boxed{} \qquad 12-7=\boxed{}$$

2 **1**에서 계산 결과가 서로 같은 두 뺄셈식을 찾아 써 보세요.

$$\boxed{}-\boxed{}=\boxed{}, \quad \boxed{}-\boxed{}=\boxed{}$$

3 두 사람이 가진 사탕의 빈 곳에 알맞은 수를 써넣으세요.

1 모으기와 가르기를 해 보세요.

(1)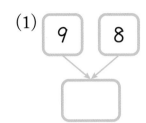

(2)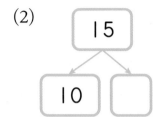

2 구슬의 수만큼 ○를 그려 넣고 빈 곳에 알맞은 수를 써넣으세요.

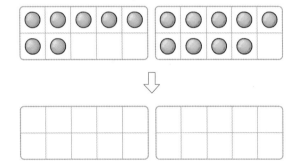

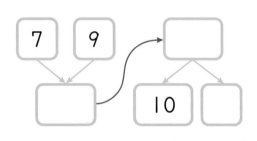

3 그림을 보고 ☐ 안에 알맞은 수를 써넣으세요.

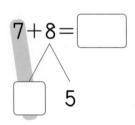

4 관계있는 것끼리 이어 보세요.

9+5	•		•	8+2+2
6+7	•		•	3+3+7
8+4	•		•	9+1+4

5 빈칸에 알맞은 수를 써넣으세요.

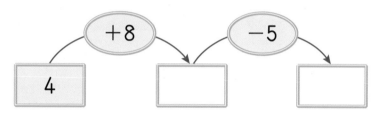

6 두 수의 차가 작은 것부터 순서대로 점을 이어 보세요.

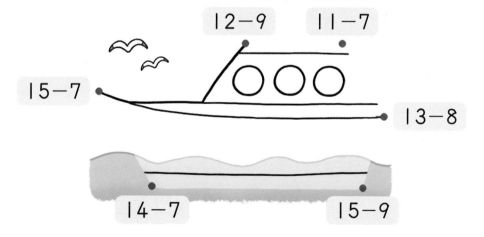

7   계산 결과가 4인 것을 찾아 ◯표 하세요.

| 12 − 8 | 13 − 8 | 16 − 9 |

(   )   (   )   (   )

8   빈칸에 알맞은 수를 써넣으세요.

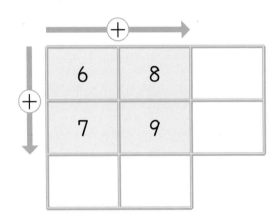

9   모양이 같은 곳에 쓰인 수의 합을 각각 구해 보세요.

◯ 모양 (   )

△ 모양 (   )

▢ 모양 (   )

10 가장 큰 수와 가장 작은 수의 차를 구해 보세요.

| 11 | 8 | 14 | 6 |

(   )

11 뺄셈을 해 보세요.

(1)

$12-4=\square$

$12-5=\square$

$12-6=\square$

$12-7=\square$

(2)

$13-6=\square$

$14-7=\square$

$15-8=\square$

$16-9=\square$

12 주차장에 자동차가 16대 있었습니다. 그중 7대가 빠져나갔다면 주차장에 남아 있는 자동차는 몇 대인지 구해 보세요.

식 _____

답 _____

13 □ 안에 알맞은 수를 써넣으세요.

$$9+4=5+\square$$

14 선아는 바둑돌을 초록색과 파란색 2개의 상자에 모두 나누어 담았습니다. 상자에 담은 바둑돌의 수를 나타내는 식을 보고 각 상자에 담은 바둑돌의 수를 구해 보세요.

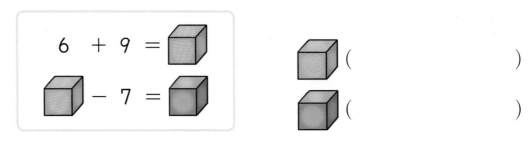

15 4장의 수 카드를 모두 한 번씩만 사용하여 뺄셈식을 만들어 보세요.

$$\square\square-\square=\square$$

16 고리를 던져 영호는 7점과 6점을, 민아는 5점과 4점을 얻었습니다. 점수를 누가 몇 점 더 많이 얻었는지 구해 보세요.

(   ), (   )

17 1부터 9까지의 수 중에서 ☐ 안에 들어갈 수 있는 수를 모두 구해 보세요.

$$7+\square>6+8$$

(   )

특강 창의·융합 사고력

1 다영, 은지, 지우는 주머니에서 각각 꺼낸 공에 적힌 두 수의 합이 작은 사람부터 순서대로 서 있습니다. 다영이와 지우는 각각 어떤 공을 꺼냈는지 구해 보세요. (단, 주머니에서 꺼낸 공은 주머니에 다시 넣지 않습니다.)

(1) 은지가 꺼낸 공에 적힌 두 수의 합을 구해 보세요.

(   )

(2) 다영이가 꺼낸 다른 공에 적힌 수를 구해 보세요.

(   )

(3) 지우가 꺼낸 다른 공에 적힌 수를 구해 보세요.

(   )

5 규칙 찾기

단원과 관련된
규칙 이야기를
살펴보아요.

우리 주변에 숨어 있는 규칙

우리 친구들은 규칙을 아주 어려운 거라고 생각을 하지요? 하지만 이러한 규칙은 우리 주변 곳곳에 많이 숨어 있어요. 이렇게 생활 속에 숨어 있는 규칙을 함께 찾아보기로 해요.

얼룩말은 몸에 줄무늬가 있는데요, 새끼일 때는 몸 전체가 회색이다가 어른이 되면 지금처럼 줄무늬가 진하게 생긴다고 합니다.

Click! 지식 클릭

얼룩말의 줄무늬는?

얼룩말은 종류에 따라 줄무늬 모양이 달라서 줄무늬로 서로를 알아볼 수 있답니다.

줄무늬의 색을
살펴보세요.

💡 얼룩말은 몸에 줄무늬 규칙을 가지고 있습니다.
☐ 안에 알맞은 말을 써넣으시오.

흰색 줄무늬와 ☐☐☐☐☐☐ 줄무늬가 되풀이됩니다.

벌집을 보니 ⬡ 모양의 여러 방들이 모여 있네요. 벌집이 ⬡ 모양인 이유는 이렇게 해야 가장 튼튼하고 안전하게 집을 지을 수 있기 때문이랍니다.

꿀벌

꿀벌의 몸에도 줄무늬 규칙이 있어요.

Click! 지식 클릭

꿀벌의 집에는 누가 살까요?
꿀벌의 집 1개에는 한 마리의 여왕벌과 여러 마리의 일벌, 그리고 약간의 수벌이 살고 있습니다.

💡 벌집을 보고 벌집에서 되풀이되는 모양에 ◯표 하시오.

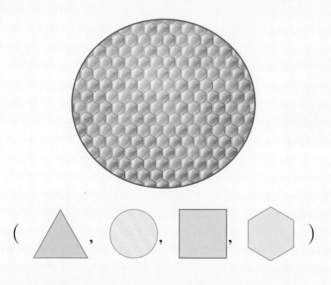

방 모양이 모두 똑같네요.

(△ , ◯ , ▢ , ⬡)

개념 1 **규칙을 찾아 말하기**

규칙 연필과 지우개가 반복됩니다.

> 첫 번째 놓인 것과 같은 것을 찾아 /로 표시하면 반복되는 규칙을 쉽게 찾을 수 있어요.

개념 2 **규칙을 찾아 여러 가지 방법으로 나타내기**

	🦆	🦁	🦆	🦁	🦆	🦁	🦆	🦁
그림으로 나타내기	□	○	□	○	□	○	□	○
수로 나타내기	2	4	2	4	2	4	2	4

말로 설명하기 오리－사자 그림이 반복됩니다.

그림으로 나타내기 오리 그림은 □, 사자 그림은 ○로 나타냅니다.

수로 나타내기 오리 그림은 2, 사자 그림은 4로 나타냅니다.

개념 3 **규칙을 만들어 무늬 꾸미기**

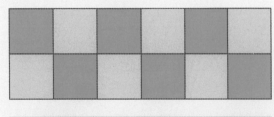

규칙 첫째 줄은 파란색과 노란색이 반복되고, 둘째 줄은 노란색과 파란색이 반복됩니다.

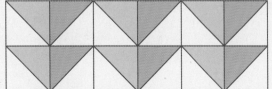

규칙 ◸, ◿ 모양이 반복됩니다.

개념 확인 문제

1-1 규칙에 따라 빈칸에 알맞은 모양을 그려 보세요.

(1)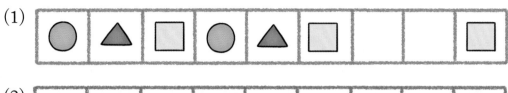

(2)

1-2 규칙을 바르게 설명한 것의 기호를 써 보세요.

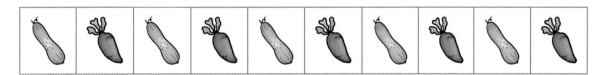

⊙ 오이 ─ 당근 ─ 오이가 반복되는 규칙입니다.
ⓒ 오이 ─ 당근이 반복되는 규칙입니다.

(   )

2-1 규칙에 따라 빈칸에 알맞은 수를 써넣으세요.

🐉	🐤	🐉	🐤	🐉	🐤	🐉	🐤
4	2	4	2	4			

3-1 규칙에 따라 색칠하고 ☐ 안에 알맞은 색깔을 써넣으세요.

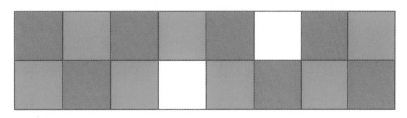

규칙 첫째 줄은 빨간색과 파란색이 반복되고,

둘째 줄은 [   ]과 [   ]이 반복되는 규칙입니다.

개념 4 수 배열에서 규칙 찾아보기

| 2 | 5 | 2 | 5 | 2 | 5 | 2 | 5 |

규칙 2와 5가 반복되는 규칙입니다.

| 20 | 30 | 40 | 50 | 60 | 70 | 80 | 90 |

규칙 20부터 시작하여 10씩 커지는 규칙입니다.

개념 5 수 배열표에서 규칙 찾아보기

1	2	3	4	5	6	7	8	9	10
11	12	13	14	15	16	17	18	19	20
21	22	23	24	25	26	27	28	29	30
31	32	33	34	35	36	37	38	39	40
41	42	43	44	45	46	47	48	49	50
51	52	53	54	55	56	57	58	59	60
61	62	63	64	65	66	67	68	69	70
71	72	73	74	75	76	77	78	79	80
81	82	83	84	85	86	87	88	89	90
91	92	93	94	95	96	97	98	99	100

규칙 ① ······에 있는 수는 5부터 시작하여 아래쪽으로 1칸 갈 때마다 10씩 커집니다.

② ······에 있는 수는 31부터 시작하여 오른쪽으로 1칸 갈 때마다 1씩 커집니다.

③ ──에 있는 수는 1부터 시작하여 ╲ 방향으로 1칸 갈 때마다 11씩 커집니다.

개념 확인 문제

4-1 수 배열에서 규칙을 찾아 ☐ 안에 알맞은 수를 써넣으세요.

(1)

| 7 | 5 | 7 | 5 | 7 | 5 | 7 | 5 |

규칙 ☐와/과 ☐이/가 반복되는 규칙입니다.

(2)

| 4 | 8 | 12 | 16 | 20 | 24 | 28 | 32 |

규칙 4부터 시작하여 ☐씩 커지는 규칙입니다.

4-2 규칙에 따라 빈 곳에 알맞은 수를 써넣으세요.

(1)

| 1 | 3 | 1 | 3 | 1 | ☐ | ☐ | 3 |

(2)

| 90 | 80 | 70 | 60 | 50 | ☐ | ☐ | ☐ |

5-1 수 배열표를 보고 물음에 답하세요.

61	62	63	64	65	66	67	68	69	70
71	72	73	74	75	76	77	78	79	80
81	82	83	84	85	86	87	88	89	90

(1) 색칠한 수에는 어떤 규칙이 있는지 찾아 써 보세요.

규칙 62부터 시작하여 ☐씩 커지는 규칙입니다.

(2) 규칙에 따라 나머지 부분에 색칠해 보세요.

교과서 개념 스토리

칭찬 붙임딱지의 규칙

준비물 ◀ 붙임딱지

학생들의 칭찬 붙임딱지 모음판입니다. 각자 자신만의 규칙에 따라 칭찬 붙임딱지를 붙였습니다. 규칙에 따라 빈 곳에 알맞은 붙임딱지를 붙여 보세요.

영지

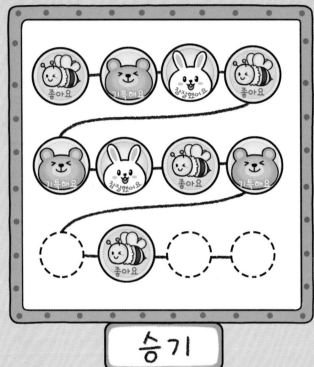

승기

호영

보민

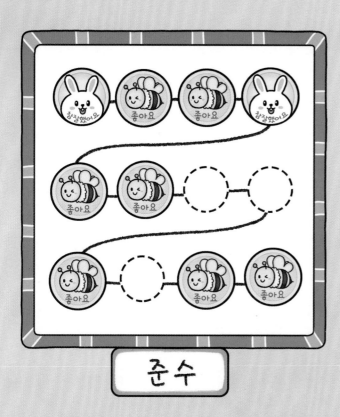

준수

가은

→ 각자 규칙을 정해 붙임딱지를 붙여 보세요.

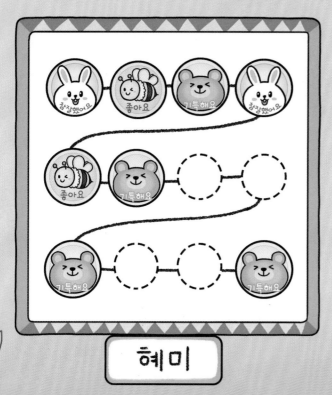

혜미

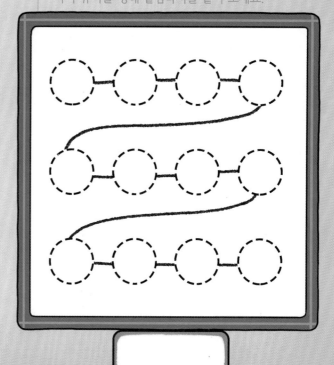

개념 1 규칙을 찾아 말하기

01 규칙에 따라 □ 안에 알맞은 모양을 찾아 ○표 하세요.

()

02 규칙에 따라 시곗바늘을 그려 보세요.

03 규칙에 따라 빈칸에 알맞은 그림을 그리고, 규칙을 써 보세요.

(1)

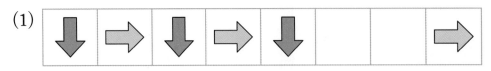

규칙 _____

(2)

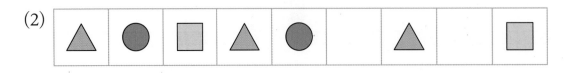

규칙 _____

개념 2   규칙을 찾아 여러 가지 방법으로 나타내기

5. 규칙 찾기

04   규칙에 따라 빈칸에 알맞은 수를 써넣으세요.

0	2	5	0	2	5			

05   규칙에 따라 빈칸에 ○와 □를 사용하여 나타내 보세요.

○	□	○					

준비물 붙임딱지

06   규칙에 따라 붙임딱지를 붙이고, 빈칸에 알맞은 모양을 그려 넣으세요.

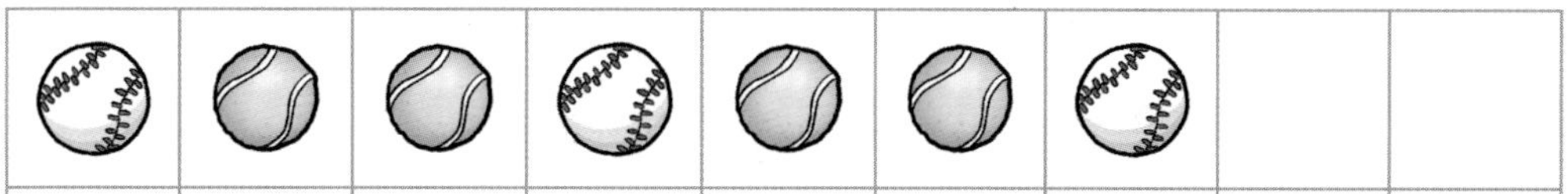

△	☆	☆	△					

개념3 규칙을 만들어 무늬 꾸미기

07 규칙에 따라 색칠하려고 합니다. 빈칸에 알맞은 붙임딱지를 붙여 보세요.

준비물 붙임딱지

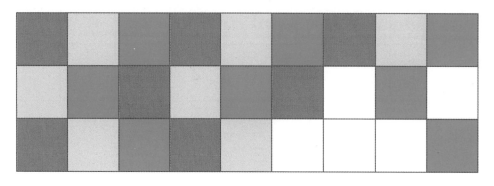

08 규칙에 따라 빈칸에 알맞은 모양을 그려 보세요.

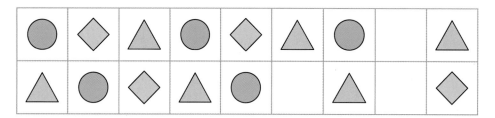

09 보기 에서 찾은 규칙에 따라 무늬를 꾸며 보세요.

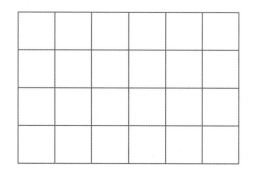

개념 4 수 배열에서 규칙 찾기

10 수 배열에서 규칙을 찾아 써 보세요.

| 30 | 28 | 26 | 24 | 22 | 20 | 18 |

규칙 _____

2
주
교과서

11 규칙에 따라 색칠하고 색칠한 수에 있는 규칙을 써 보세요.

51	52	53	54	55	56	57	58	59	60
61	62	63	64	65	66	67	68	69	70
71	72	73	74	75	76	77	78	79	80

규칙 _____

12 규칙에 따라 빈 곳에 알맞은 수를 써넣으세요.

(1)
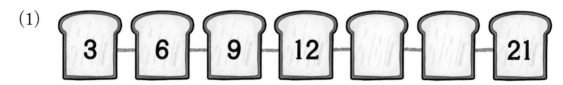

| 3 | 6 | 9 | 12 | | | 21 |

(2)

| 40 | 35 | 30 | | 20 | | 10 |

★ 규칙에 따라 여러 가지 방법으로 나타내기

1 규칙에 따라 빈칸에 알맞은 수를 써넣으세요.

1	1	5			5			

개념
피드백 반복되는 부분을 찾아 각 그림을 어떤 수로 나타냈는지 살펴봅니다.

1-1 규칙에 따라 빈칸에 알맞은 수를 써넣으세요.

2	0	4	2				0	4

1-2 규칙에 따라 빈칸에 알맞은 수를 써넣으세요.

3	0	6	3					

★ 다양한 수 배열에서 규칙 찾기

2 규칙을 찾아 알맞은 말에 ○표 하고 빈 곳에 알맞은 수를 써넣으세요.

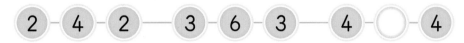

② — ④ — ② — ③ — ⑥ — ③ — ④ — ◯ — ④

규칙 양옆의 수를 (더한 , 뺀) 수가 가운데에 오는 규칙입니다.

개념 피드백 수 배열에서 수가 일정한 방향으로 커지거나 작아지는 규칙, 양옆이나 위와 아래에 있는 수의 규칙을 찾을 수 있습니다.

2-1 예은이의 사물함에는 ♥ 모양의 붙임딱지가 붙어 있습니다. 예은이의 사물함 번호는 몇 번일까요?

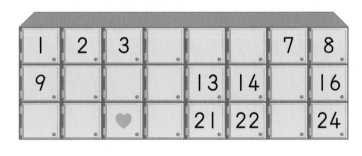

(   )

2-2 계산기의 ▢ 안에 있는 수의 배열을 보고 여러 가지 규칙을 찾을 수 있습니다. 한 가지만 써 보세요.

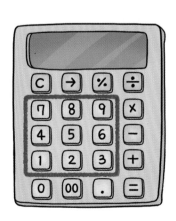

규칙 _____

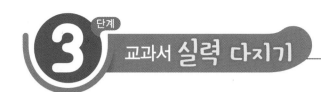

3단계 교과서 실력 다지기

정답과 풀이 p.9

★ 찢어진 수 배열표에서 규칙 찾기

3 찢어진 수 배열표의 일부분입니다. 빈칸에 알맞은 수를 써넣으세요.

	55			
59	60		62	
		66	67	

> **개념 피드백** 수 배열표에서 시작하는 수를 정하여 일정한 방향(↓, →, ↘)으로 수가 몇씩 커지는지, 작아지는지의 규칙을 찾아봅니다.

3-1 찢어진 수 배열표의 일부분입니다. ◆에 알맞은 수를 구해 보세요.

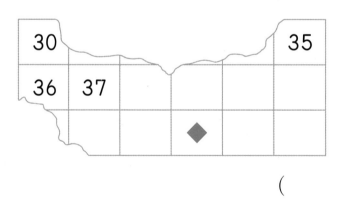

30					35
36	37				
			◆		

(   )

3-2 찢어진 수 배열표의 일부분입니다. ★에 알맞은 수를 구해 보세요.

		73	74		76
			81			84
		★			

(   )

 교과서 **서술형 연습**

교과서

1 진주는 규칙에 따라 카드를 늘어놓았습니다. 12번째 카드에 적힌 수는 얼마인지 구해 보세요.

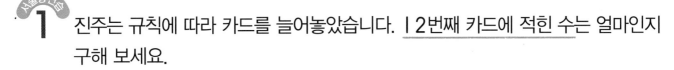

✏️ 구하려는 것, 주어진 것에 선을 그어 봅니다.

해결하기 수 카드에 적힌 수는 □ , □ , □ 이/가 반복되는 규칙입니다.

12번째 카드에 적힌 수는 (첫 , 두 , 세) 번째 카드에 적힌 수와 같습니다.

따라서 12번째 카드에 적힌 수는 □ 입니다.

답 구하기 □

2 규칙에 따라 과일을 늘어놓았습니다. 11번째에 놓인 과일을 구해 보세요.

✏️ 구하려는 것, 주어진 것에 선을 그어 봅니다.

해결하기

답 구하기 _____

사고력 개념 스토리   규칙적으로 빵과 우유 놓기

준비물 ◀ 붙임딱지

상자에 우유와 빵이 일정한 규칙에 따라 놓여 있습니다. 규칙을 찾아 빵과 우유 붙임딱지를 붙이고 각 상자에 들어 있는 우유의 수를 구해 보세요.

우유가 ☐ 개 들어 있군!

우유가 ☐ 개 들어 있군!

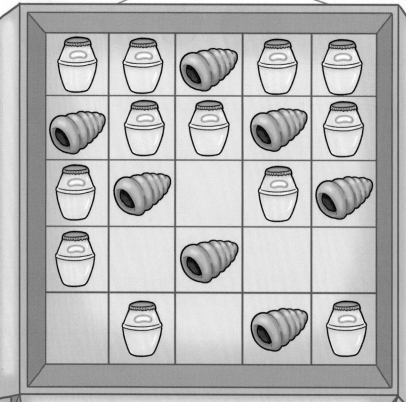

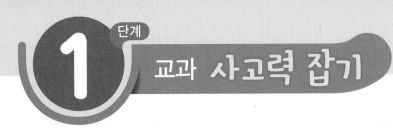

1 수 배열을 보고 물음에 답하세요.

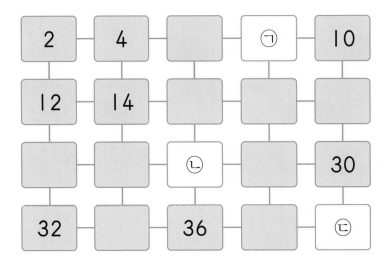

2	4		㉠	10
12	14			
		㉡		30
32		36		㉢

① 수 배열에서 규칙을 찾아 ☐ 안에 알맞은 수를 써넣으세요.

규칙 • 오른쪽으로는 ☐씩 커집니다.

• 아래쪽으로는 ☐씩 커집니다.

② ㉠, ㉡, ㉢에 알맞은 수를 각각 구해 보세요.

㉠ (   )

㉡ (   )

㉢ (   )

2 규칙을 찾아 쓰고 알맞게 색칠해 보세요.

❶
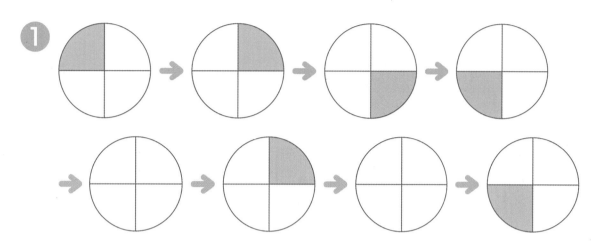

규칙 색칠한 칸이 (시계 방향 , 시계 반대 방향)으로 1칸씩 움직입니다.

❷
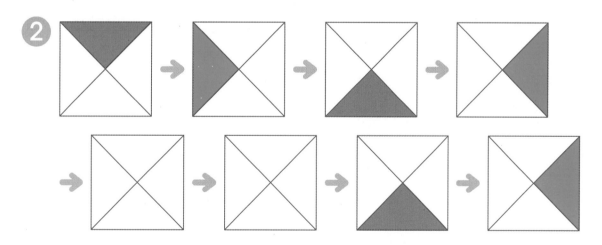

규칙 색칠한 칸이 (시계 방향 , 시계 반대 방향)으로 1칸씩 움직이고

빨간색과 [   ]이 반복되는 규칙입니다.

1 보기 와 같이 규칙에 따라 빈칸에 알맞은 주사위 눈을 그려 보세요.

보기

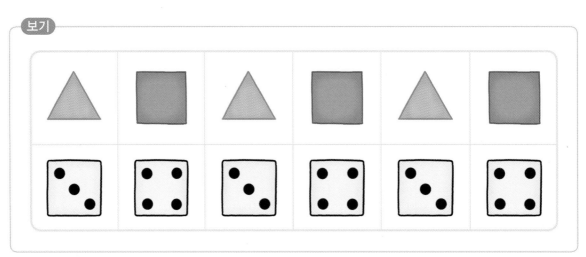

①

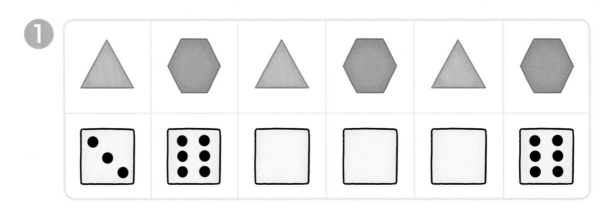

②

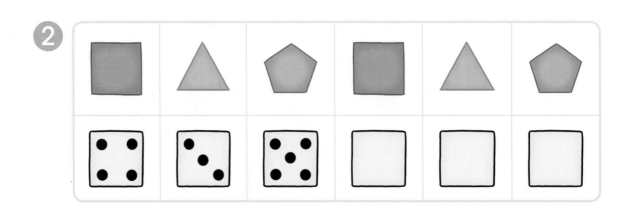

2 반복되는 규칙을 이용하여 출발점에서 도착점까지 가는 길을 나타내 보세요.
(단, 왔던 길을 되돌아갈 수는 없습니다.)

① 반복되는 규칙

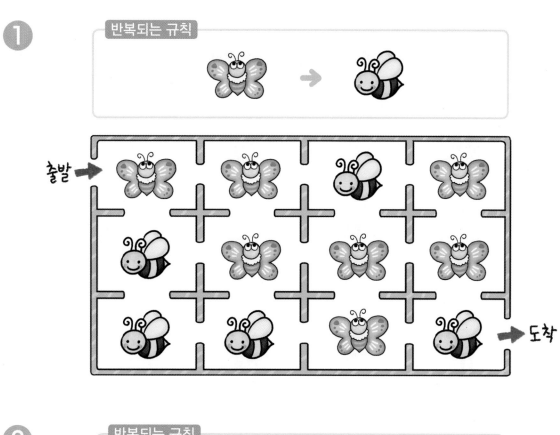

② 반복되는 규칙

정답과 풀이 p.11

평가 영역 ☐개념 이해력 ☐개념 응용력 ☑창의력 ☐문제 해결력

1 규칙에 따라 놓인 동물을 수로 나타냈을 때 ㉠, ㉡, ㉢에 알맞은 수의 합을 구해 보세요.

（表の上部：動物のグリッド）

↓

2	6	4	2	6
4				
		㉠		
	㉡		㉢	6

(   )

각각의 동물을 어떤 수로 나타냈는지 알아보세요!

🖎 정답과 풀이 p.11

1 규칙에 따라 빈칸에 알맞은 것을 찾아 ◯표 하세요.

(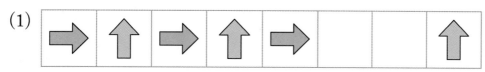)

2 규칙에 따라 빈칸에 알맞은 모양을 그려 보세요.

(1)

➡	⬆	➡	⬆	➡			⬆

(2)

●	▲	■	●	▲	■			■

3 규칙에 따라 빈칸에 알맞은 수를 써넣으세요.

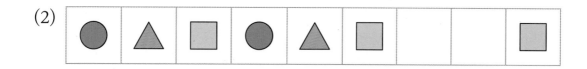

2	4	2	4				

[4~5] 규칙에 따라 빈칸에 알맞은 수를 써넣으세요.

4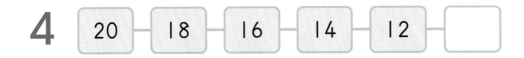

| 20 | 18 | 16 | 14 | 12 | |

5

15 – 20 – 25 – ♡ – 35 – 40

6 규칙에 따라 색칠해 보세요.

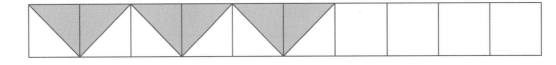

7 규칙에 따라 빈칸에 알맞은 그림의 이름을 써넣고 규칙을 써 보세요.

→ 사과   → 버섯

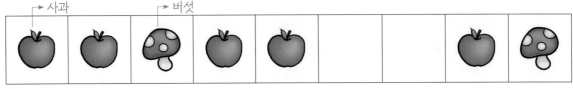

규칙

8 수 배열표에서 ▬▬에 있는 수는 몇씩 커지는 규칙일까요?

31	32		34	35	36	37	38		40
41	42		44	45		47	48	49	
	52	53	54	55			58	59	60

(   )

2
주
평가

9 그림을 보고 바둑돌이 놓여 있는 규칙을 설명해 보세요.

규칙 _____

_____

10 ◸ 로 규칙을 만들어 무늬를 꾸며 보세요.

11 규칙에 따라 나머지 부분에 색칠해 보세요.

1	2	3	4	5	6	7	8	9	10
11	12	13	14	15	16	17	18	19	20
21	22	23	24	25	26	27	28	29	30

12 규칙에 따라 빈칸에 알맞은 그림을 그리고 수를 써넣으세요.

△	◎	□	△	◎			◎	
2	0	5	2	0			0	

[13~15] 연수와 하은이는 규칙을 따라 말판 위를 움직입니다. 연수는 10 위에서 시작해 한 번에 4칸씩, 하은이는 30 위에서 시작해 한 번에 3칸씩 움직인다고 할 때, 물음에 답하세요.

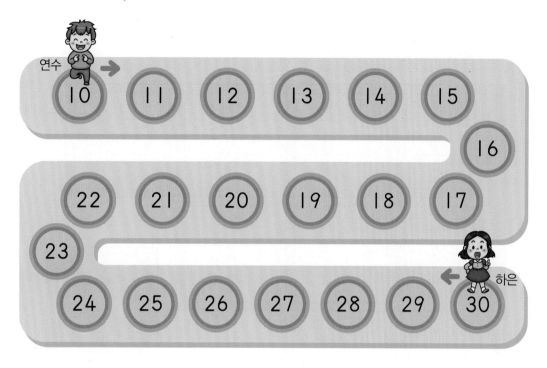

13 연수와 하은이가 번갈아가며 각각 2번씩 움직였을 때, 연수가 도착한 곳의 수와 하은이가 도착한 곳의 수를 차례로 써 보세요.

(   ), (   )

14 처음부터 연수 혼자만 움직인다고 할 때, 하은이가 서 있는 곳까지 가려면 몇 번 움직여야 할까요?

(   )

15 연수와 하은이가 번갈아가며 움직일 때, 적어도 각각 몇 번씩 움직여야 서로를 지나칠 수 있을까요?

(   )

두 자리 수의 덧셈과 뺄셈을 살펴보아요.

덧셈과 뺄셈에서 결괏값이 같은 식의 규칙

어느 전시장에 액자가 일정한 규칙에 따라 걸려 있습니다. 걸려 있는 액자를 보고 알 수 있는 사실을 알아볼까요?

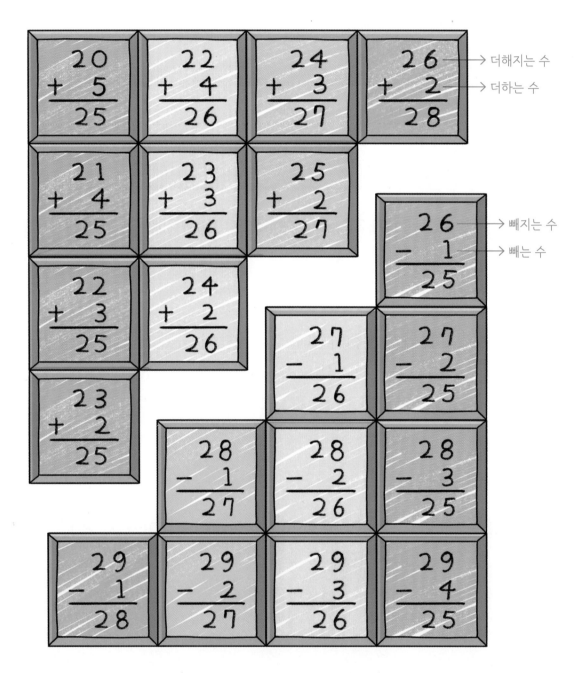

★ 알 수 있는 사실

• 합이 같은 식을 보면 더하는 수가 1씩 작아지고 더해지는 수가 1씩 커집니다.

• 차가 같은 식을 보면 빼는 수가 1씩 커지고 빼지는 수도 1씩 커집니다.

🎓 덧셈과 뺄셈의 규칙을 찾아 ☐ 안에 알맞은 수를 써넣으세요.

16   15   14   13

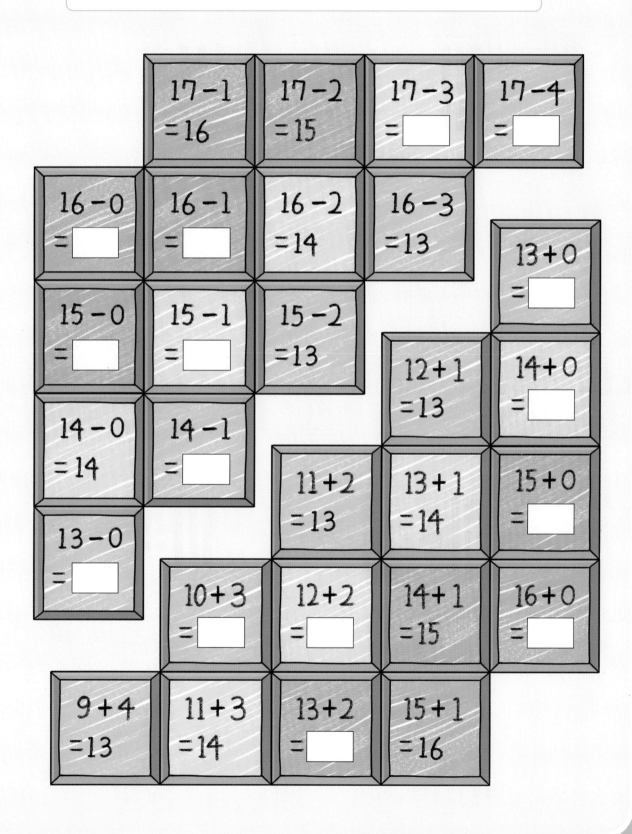

$17-1 = 16$

$17-2 = 15$

$17-3 = \boxed{}$

$17-4 = \boxed{}$

$16-0 = \boxed{}$

$16-1 = \boxed{}$

$16-2 = 14$

$16-3 = 13$

$13+0 = \boxed{}$

$15-0 = \boxed{}$

$15-1 = \boxed{}$

$15-2 = 13$

$12+1 = 13$

$14+0 = \boxed{}$

$14-0 = 14$

$14-1 = \boxed{}$

$11+2 = 13$

$13+1 = 14$

$15+0 = \boxed{}$

$13-0 = \boxed{}$

$10+3 = \boxed{}$

$12+2 = \boxed{}$

$14+1 = 15$

$16+0 = \boxed{}$

$9+4 = 13$

$11+3 = 14$

$13+2 = \boxed{}$

$15+1 = 16$

개념 **1** 받아올림이 없는 (몇십몇)+(몇)

- 32+5의 계산

(1) 모형으로 알아보기

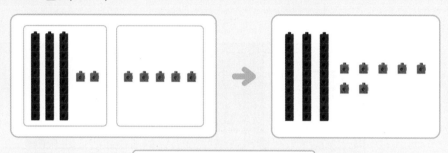

$$32+5=37$$

(2) 세로로 계산하기

$$
\begin{array}{r}
3\ 2 \\
+\quad\ 5 \\
\hline
\end{array}
\ \rightarrow\
\begin{array}{r}
3\ 2 \\
+\quad\ 5 \\
\hline
7 \\
\end{array}
\ \rightarrow\
\begin{array}{r}
3\ 2 \\
+\quad\ 5 \\
\hline
3\ 7 \\
\end{array}
$$

줄을 맞추어   낱개끼리   10개씩 묶음을
세로로 씁니다.   더합니다.   그대로 내려 씁니다.

개념 **2** 받아올림이 없는 (몇십몇)+(몇십몇)

- 23+14의 계산

(1) 모형으로 알아보기

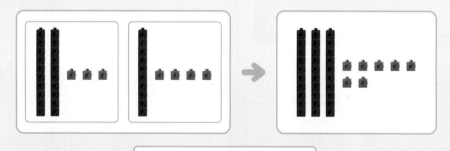

$$23+14=37$$

(2) 세로로 계산하기

$$
\begin{array}{r}
2\ 3 \\
+1\ 4 \\
\hline
\end{array}
\ \rightarrow\
\begin{array}{r}
2\ 3 \\
+1\ 4 \\
\hline
7 \\
\end{array}
\ \rightarrow\
\begin{array}{r}
2\ 3 \\
+1\ 4 \\
\hline
3\ 7 \\
\end{array}
$$

10개씩 묶음끼리, 낱개   낱개끼리   10개씩 묶음끼리
끼리 줄을 맞추어 씁니다. 더합니다.   더합니다.

개념 확인 **문제**

1-1 그림을 보고 ☐ 안에 알맞은 수를 써넣으세요.

(1)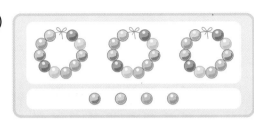

$30+4=$ ☐

(2)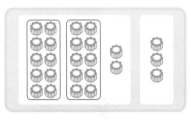

$22+3=$ ☐

1-2 ☐ 안에 알맞은 수를 써넣으세요.

(1)
```
   3 2
 +   4
 ☐ ☐
```

(2)
```
     9
 + 2 0
 ☐ ☐
```

(3)
```
   5 6
 +   3
 ☐ ☐
```

2-1 빈 곳에 두 수의 합을 써넣으세요.

(1)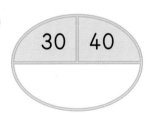

(2)

2-2 덧셈을 해 보세요.

(1)
```
   5 0
 + 2 0
```

(2)
```
   1 6
 + 3 2
```

(3)
```
   5 2
 + 2 7
```

개념 **3** 그림을 보고 덧셈하기

• 사과는 모두 몇 개인지 덧셈식으로 나타내기

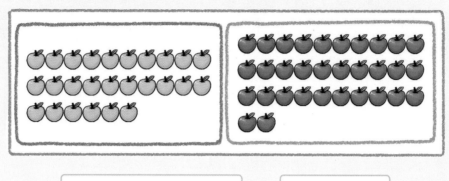

덧셈식은 2가지로
나타낼 수 있습니다.

$$26+32=58$$
$$32+26=58$$

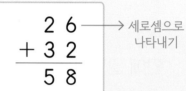

→ 세로셈으로
나타내기

개념 **4** 여러 가지 방법으로 덧셈하기

• 26+32의 계산

방법1 20과 30을 먼저 더하고, 6과 2를 더합니다.

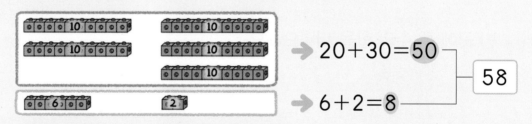

➡ 20+30=50
➡ 6+2=8

58

방법2 26에 30을 더하고, 2를 더합니다.

➡ 26+30=56

➡ 56+2= 58

참고

주어진 방법 이외에도 여러 가지 방법으로 덧셈을 할 수 있으므로 계산하기 편리한
방법으로 계산합니다.

개념 확인 문제

3-1 그림을 보고 물음에 답하세요.

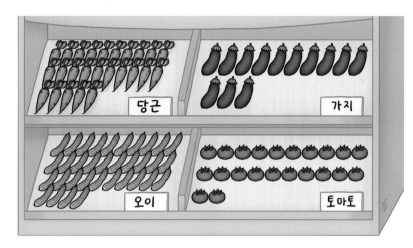

(1) 당근과 오이는 모두 몇 개일까요?

　□ + □ = □ (개)

(2) 가지와 토마토는 모두 몇 개일까요?

　□ + □ = □ (개)

4-1 구슬이 모두 몇 개인지 두 사람이 서로 <u>다른</u> 방법으로 덧셈을 한 것입니다. □ 안에 알맞은 수를 써넣으세요.

(1)
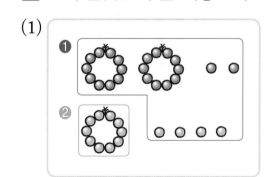

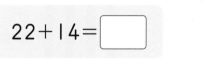
22 + 14 = □

❶ 22에 4를 더해서 26을 구하고,

❷ 그 수에 10을 더해서 을/를 구했습니다.

(2)
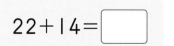
22 + 14 = □

❶ 22에 10을 더해서 32를 구하고,

❷ 그 수에 4를 더해서 을/를 구했습니다.

개념 **5** 받아내림이 없는 (몇십몇)−(몇)

• 36−4의 계산

(1) 모형으로 알아보기

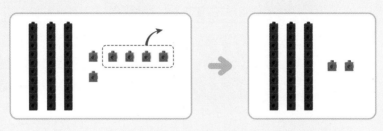

$$36-4=32$$

(2) 세로로 계산하기

$$\begin{array}{r} 3\,6 \\ -\quad 4 \\ \hline \end{array}$$

→

$$\begin{array}{r} 3\,6 \\ -\quad 4 \\ \hline 2 \end{array}$$

→

$$\begin{array}{r} 3\,6 \\ -\quad 4 \\ \hline 3\,2 \end{array}$$

줄을 맞추어 세로로 씁니다. 낱개끼리 뺍니다. 10개씩 묶음을 그대로 내려 씁니다.

개념 **6** 받아내림이 없는 (몇십몇)−(몇십몇)

• 45−12의 계산

(1) 모형으로 알아보기

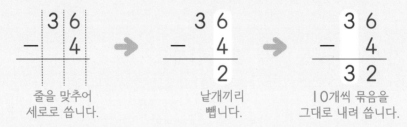

$$45-12=33$$

(2) 세로로 계산하기

$$\begin{array}{r} 4\,5 \\ -\,1\,2 \\ \hline \end{array}$$

→

$$\begin{array}{r} 4\,5 \\ -\,1\,2 \\ \hline 3 \end{array}$$

→

$$\begin{array}{r} 4\,5 \\ -\,1\,2 \\ \hline 3\,3 \end{array}$$

10개씩 묶음끼리, 낱개끼리 줄을 맞추어 씁니다. 낱개끼리 뺍니다. 10개씩 묶음끼리 뺍니다.

개념 확인 문제

5-1 그림을 보고 □ 안에 알맞은 수를 써넣으세요.

$$38-6=\boxed{}$$

5-2 □ 안에 알맞은 수를 써넣으세요.

(1)
```
    3 4
  -   3
  ─────
  □ □
```

(2)
```
    6 9
  -   5
  ─────
  □ □
```

(3)
```
    5 7
  -   4
  ─────
  □ □
```

6-1 계산해 보세요.

(1)
```
    6 5
  - 2 3
```

(2)
```
    9 0
  - 3 0
```

(3)
```
    7 4
  - 2 0
```

6-2 계산 결과를 찾아 이어 보세요.

80-20	•		•	60
58-30	•		•	5 l
75-24	•		•	28

개념 **7** 그림을 보고 뺄셈하기

• 빨간 구슬은 파란 구슬보다 몇 개 더 많은지 뺄셈식으로 나타내기

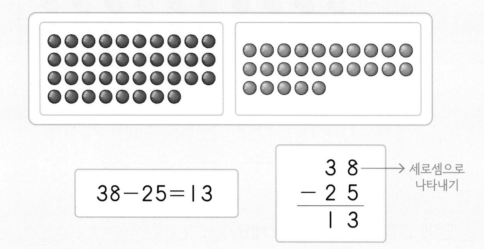

$$38-25=13$$

세로셈으로
나타내기

$$\begin{array}{r} 3\ 8 \\ -\ 2\ 5 \\ \hline 1\ 3 \end{array}$$

개념 **8** 여러 가지 방법으로 뺄셈하기

• 38−25의 계산

방법1 30에서 20을 빼고, 8에서 5를 뺍니다.

→ 30−20=10
→ 8−5=3
13

방법2 38에서 20을 빼고, 5를 뺍니다.

→ 38−20=18
→ 18−5= 13

참고

주어진 방법 이외에도 여러 가지 방법으로 뺄셈을 할 수 있으므로 계산하기 편리한
방법으로 계산합니다.

개념 확인 문제

🎓 그림을 보고 물음에 답하세요.

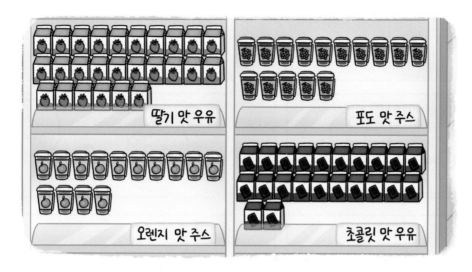

7-1 딸기 맛 우유는 초콜릿 맛 우유보다 몇 개 더 많을까요?

☐ − ☐ = ☐ (개)

7-2 포도 맛 주스는 오렌지 맛 주스보다 몇 개 더 많을까요?

☐ − ☐ = ☐ (개)

8-1 딸기 맛 우유는 오렌지 맛 주스보다 몇 개 더 많은지 두 사람이 서로 <u>다른</u> 방법으로 뺄셈을 한 것입니다. ☐ 안에 알맞은 수를 써넣으세요.

(1)
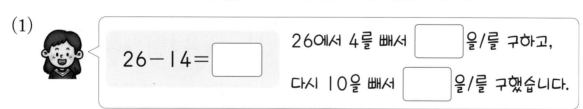
26 − 14 = ☐

26에서 4를 빼서 ☐ 을/를 구하고, 다시 10을 빼서 ☐ 을/를 구했습니다.

(2)

26 − 14 = ☐

26에서 10을 빼서 ☐ 을/를 구하고, 다시 4를 빼서 ☐ 을/를 구했습니다.

병아리 부화하기

준비물 붙임딱지

달걀을 일정한 온도에 맞추어 부화기에 넣으면 병아리가 부화합니다. 예쁜 병아리가
부화할 수 있게 계산 결과에 맞는 붙임딱지를 붙여 보세요.

16 + 31

45 + 52

20 + 60

90 + 6

62 + 27

21 + 45

수조에 주어진 수만큼 물고기가 있습니다. 그물망으로 덜어 냈을 때 어떤 물고기가 몇 마리 남는지 알맞은 붙임딱지를 붙여 보세요.

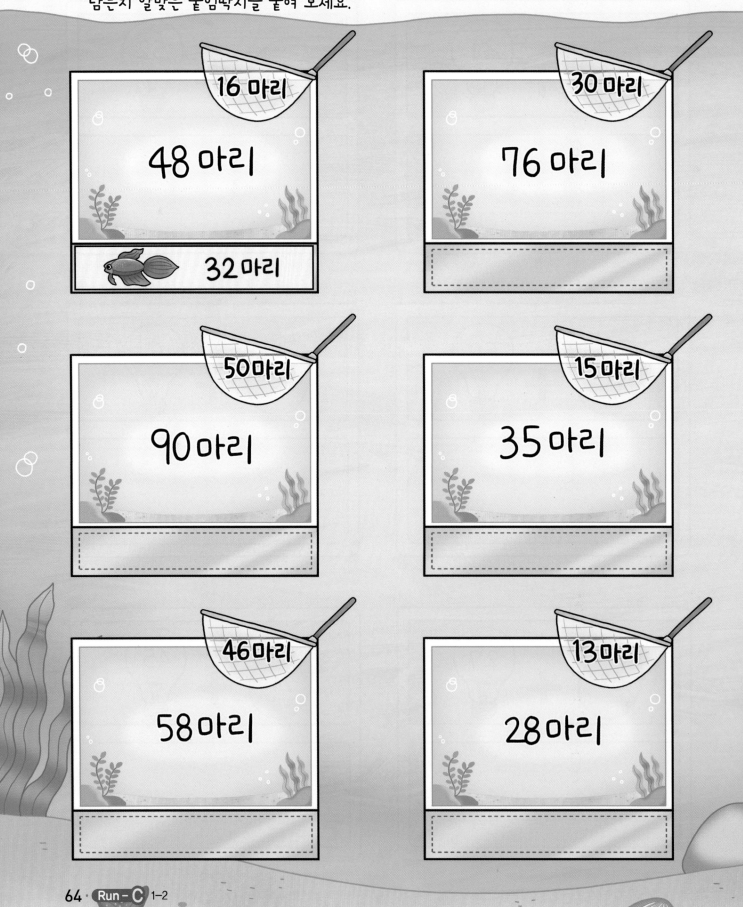

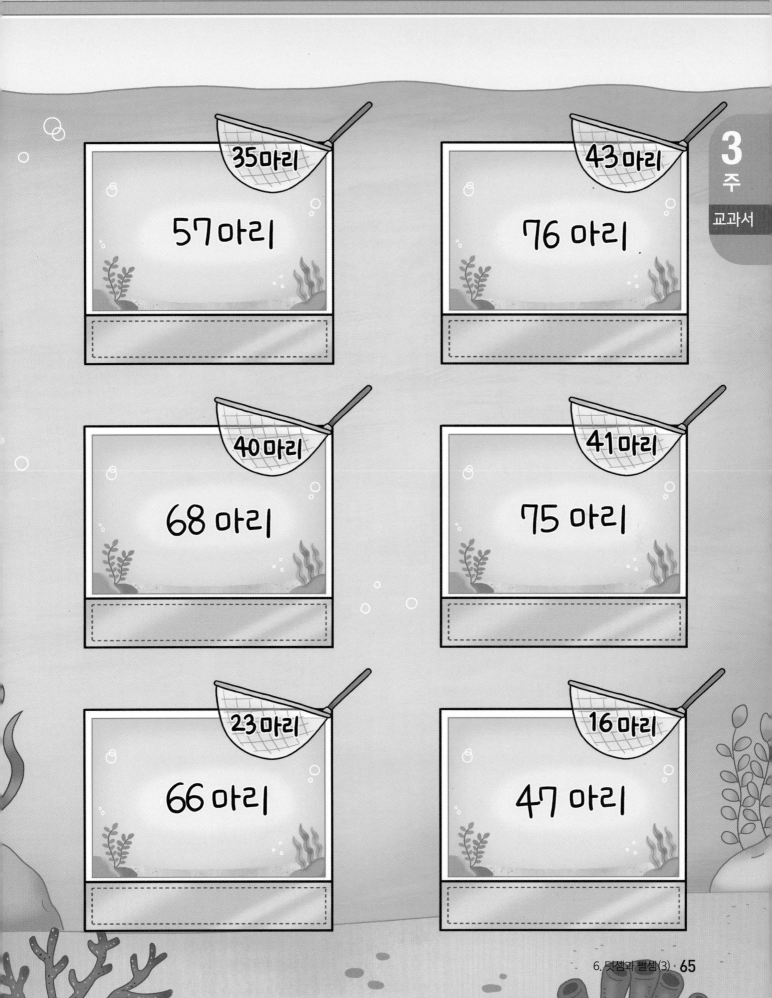

개념 1 받아올림이 없는 (몇십몇) + (몇)

01 빈칸에 알맞은 수를 써넣으세요.

+	21	35
3		
4		

02 합이 같은 것끼리 이어 보세요.

20+7 ·   · 34+5

40+6 ·   · 25+2

30+9 ·   · 42+4

03 덧셈을 해 보세요.

(1)
$41+1 = \boxed{}$
$41+2 = \boxed{}$
$41+3 = \boxed{}$
$41+4 = \boxed{}$

(2)
$13+4 = \boxed{}$
$23+4 = \boxed{}$
$33+4 = \boxed{}$
$43+4 = \boxed{}$

개념 2 받아올림이 없는 (몇십몇)＋(몇십몇)

04 계산해 보세요.

(1) 20＋70

(2) 43＋14

(3)
```
   1 6
 + 3 2
```

05 ☐ 안에 알맞은 수를 써넣으세요.

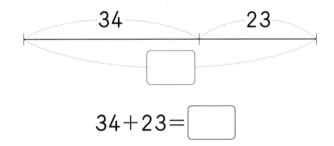

34＋23＝☐

06 같은 모양에 적힌 수의 합을 구해 보세요.

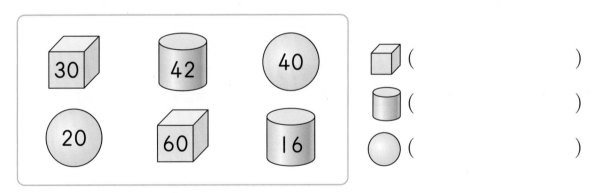

07 마트에 사과 주스 15병과 딸기 주스 24병이 있습니다. 마트에 있는 사과 주스와 딸기 주스는 모두 몇 병일까요?

(   )

개념3 그림을 보고 덧셈하기

08 진열장의 인형을 보고 여러 가지 덧셈식을 써 보세요.

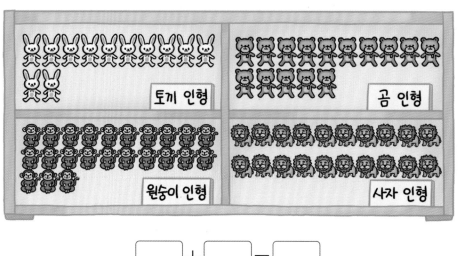

토끼 인형

곰 인형

원숭이 인형

사자 인형

$$\boxed{} + \boxed{} = \boxed{}$$

$$\boxed{} + \boxed{} = \boxed{}$$

개념4 여러 가지 방법으로 덧셈하기

09 24+15를 여러 가지 방법으로 계산해 보세요.

방법1

방법2

24에 5를 더해서 $\boxed{}$ 을/를 구하고, $\boxed{}$ 을/를 더합니다.

20과 $\boxed{}$ 을/를 더하고, 4와 $\boxed{}$ 을/를 더합니다.

$$24+15=\boxed{}$$

개념5 받아내림이 없는 (몇십몇) − (몇)

10 빈칸에 알맞은 수를 써넣으세요.

(1)
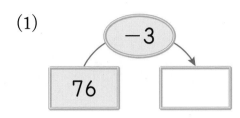

(2)
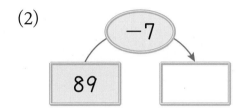

11 잘못 계산한 곳을 찾아 바르게 계산해 보세요.

$$\begin{array}{r} 6\ 5 \\ -\ \ 3 \\ \hline 3\ 5 \end{array}$$ ➡

12 차가 같은 것끼리 이어 보세요.

55−1	•
49−5	•
38−6	•

•	45−1
•	57−3
•	36−4

2단계 교과서 **개념 다지기**

개념 **6** 받아내림이 없는 (몇십몇) − (몇십몇)

13 계산 결과가 가장 큰 것을 찾아 기호를 써 보세요.

㉠ 7 0	㉡ 5 4	㉢ 6 8
− 5 0	− 2 1	− 3 4

(   )

14 뺄셈을 해 보세요.

(1)
47 − 12 = ☐
46 − 12 = ☐
45 − 12 = ☐
44 − 12 = ☐

(2)
63 − 31 = ☐
64 − 32 = ☐
65 − 33 = ☐
66 − 34 = ☐

15 주머니에서 수를 하나씩 골라 뺄셈식을 써 보세요.

☐ − ☐ = ☐

개념 7 그림을 보고 뺄셈하기

16 딸기 맛 사탕과 사과 맛 사탕 중 어느 것이 얼마나 더 많은지 알아보려고 합니다. ☐ 안에 알맞게 써넣으세요.

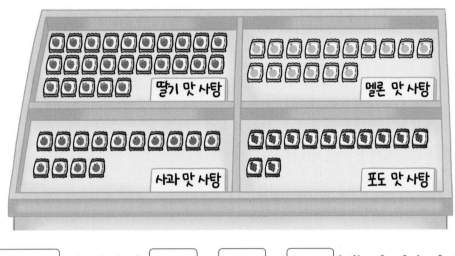

☐ 맛 사탕이 ☐ − ☐ = ☐ (개) 더 많습니다.

개념 8 여러 가지 방법으로 뺄셈하기

17 28−14를 여러 가지 방법으로 계산해 보세요.

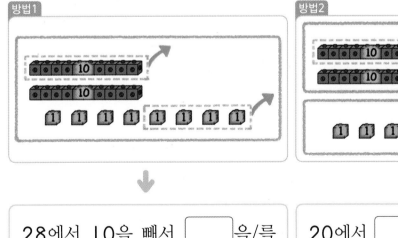

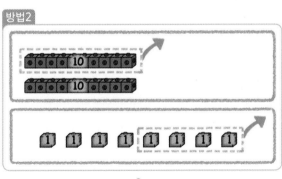

방법1

28에서 10을 빼서 ☐ 을/를 구하고, 다시 ☐ 을/를 뺍니다.

방법2

20에서 ☐ 을/를 뺀 다음 8에서 ☐ 을/를 뺀 수와 더합니다.

28−14=☐

⭐ 계산 결과 비교하기

1 합이 더 큰 것에 ○표 하세요.

31+26	24+30
( )	( )

개념
피드백
① 낱개끼리, 10개씩 묶음끼리 계산합니다.
② 10개씩 묶음의 수가 클수록 더 큰 수이고, 10개씩 묶음의 수가 같을 때에는 낱개의 수가 클수록 더 큰 수입니다.

1-1 계산 결과를 비교하여 ○ 안에 >, =, <를 알맞게 써넣으세요.

(1) $69-4 \bigcirc 50+9$

(2) $88-12 \bigcirc 34+43$

1-2 계산 결과가 큰 것부터 차례로 기호를 써 보세요.

㉠ 75+3	㉡ 36+41
㉢ 87-6	㉣ 79-15

( )

★ □ 안에 알맞은 수 구하기 (1)

2 □ 안에 알맞은 수를 써넣으세요.

$$
\begin{array}{r}
3\ \ 4 \\
+\ 2\ \ \boxed{} \\
\hline
5\ \ 8
\end{array}
$$

개념 피드백 10개씩 묶음끼리, 낱개끼리 계산하여 □ 안에 알맞은 수를 구합니다.

2-1 □ 안에 알맞은 수를 써넣으세요.

(1)
$$
\begin{array}{r}
\boxed{}\ \ 2 \\
+\ 3\ \ 5 \\
\hline
7\ \ 7
\end{array}
$$

(2)
$$
\begin{array}{r}
5\ \ \boxed{} \\
+\ 1\ \ 3 \\
\hline
\boxed{}\ \ 9
\end{array}
$$

2-2 □ 안에 알맞은 수를 써넣으세요.

(1)
$$
\begin{array}{r}
5\ \ 8 \\
-\ 2\ \ \boxed{} \\
\hline
3\ \ 1
\end{array}
$$

(2)
$$
\begin{array}{r}
7\ \ \boxed{} \\
-\ 4\ \ 5 \\
\hline
\boxed{}\ \ 3
\end{array}
$$

★ □ 안에 알맞은 수 구하기 ⑵

3 0부터 9까지의 수 중에서 □ 안에 들어갈 수 있는 수를 모두 구해 보세요.

$$23+4<2\square$$

답 _____

개념
피드백 계산할 수 있는 식을 먼저 계산하고 두 수의 크기 비교를 하여 □ 안에 알맞은 수를 구합니다.
이때, 10개씩 묶음의 수부터 비교하여 조건에 알맞은 수를 구합니다.

3-1 1부터 9까지의 수 중에서 □ 안에 들어갈 수 있는 수를 모두 구해 보세요.

$$24+43<\square5$$

( )

3-2 □ 안에 들어갈 수 있는 몇십몇 중에서 가장 큰 수를 구해 보세요.

$$65-12>\square$$

( )

★ 덧셈과 뺄셈의 활용

4 혜미는 색종이를 32장 가지고 있고, 정호는 혜미보다 13장 더 많이 가지고 있습니다. 혜미와 정호가 가지고 있는 색종이는 모두 몇 장인지 구해 보세요.

답 _____

3 주
교과서

> **개념 피드백**
> • '~의 합', '~보다 몇이 더 많다'라는 문장은 덧셈식을 이용할 수 있습니다.
> • '~의 차', '~보다 몇이 더 적다'라는 문장은 뺄셈식을 이용할 수 있습니다.

4-1 어느 꽃 가게에 장미는 55송이 있고, 카네이션은 장미보다 12송이 더 적게 있습니다. 꽃 가게에 있는 장미와 카네이션은 모두 몇 송이인지 구해 보세요.

(   )

4-2 1반과 2반의 남학생과 여학생 수를 나타낸 표입니다. 두 반의 학생 수의 차는 몇 명인지 구해 보세요.

반	남학생 수	여학생 수
1반	11명	13명
2반	10명	15명

(   )

⭐ **각 모양이 나타내는 수 구하기**

5 식을 보고 각각의 모양이 나타내는 수를 구해 보세요.

$$11+11=●$$
$$●+20=▲$$

● (   ), ▲ (   )

개념 피드백
- 같은 모양은 같은 수를 나타냅니다.
- 낱개끼리, 10개씩 묶음끼리 계산합니다.

5-1 식을 보고 각각의 모양이 나타내는 수를 구해 보세요.

$$21+21=■$$
$$■+■=★$$

■ (   ), ★ (   )

5-2 식을 보고 각각의 모양이 나타내는 수를 구해 보세요.

$$♥+♥=20$$
$$♥+14=◆$$

♥ (   ), ◆ (   )

★ 어떤 수 구하기

6 어떤 수에서 10을 빼었더니 30이 되었습니다. 어떤 수를 구해 보세요.

답 _____

> **개념 피드백**
> ① 어떤 수를 이용하여 계산한 식을 세웁니다.
> ② 거꾸로 생각하여 어떤 수를 구합니다.

6-1 어떤 수에 2를 더했더니 47이 되었습니다. 어떤 수를 구해 보세요.

(   )

6-2 어떤 수에서 13을 빼었더니 33이 되었습니다. 어떤 수에 13을 더하면 얼마인지 구해 보세요.

(   )

 1 다음 수 중에서 가장 큰 수와 가장 작은 수의 합은 얼마인지 구해 보세요.

| 27 | 50 | 62 | 15 |

✏️ 구하려는 것, 주어진 것에 선을 그어 봅니다.

해결하기 수를 큰 수부터 차례로 쓰면 ☐ , ☐ , ☐ , ☐ 이므로

가장 큰 수는 ☐ 이고, 가장 작은 수는 ☐ 입니다.

따라서 가장 큰 수와 가장 작은 수의 합은 ☐ + ☐ = ☐ 입니다.

답 구하기 ☐

2 다음 수 중에서 둘째로 큰 수와 가장 작은 수의 차는 얼마인지 구해 보세요.

| 81 | 22 | 79 | 46 |

✏️ 구하려는 것, 주어진 것에 선을 그어 봅니다.

해결하기

답 구하기

서술형 연습

3 어느 과일 가게에 사과가 64개 있었습니다. 그중에서 오전에 21개를 팔고, 오후에 20개를 팔았습니다. 과일 가게에 남아 있는 사과는 몇 개인지 구해 보세요.

✏ 구하려는 것, 주어진 것에 선을 그어 봅니다.

해결하기 오전에 팔고 남은 사과는 ☐ − ☐ = ☐ (개)이고,

오후에 팔고 남은 사과는 ☐ − ☐ = ☐ (개)입니다.

따라서 과일 가게에 남아 있는 사과는 ☐ 개입니다.

답 구하기 ☐ 개

서술형 실전

4 재우는 딱지를 24장 모았고 선아는 재우보다 12장 더 많이 모았습니다. 예준이는 선아보다 5장 더 적게 모았다면 예준이가 모은 딱지는 몇 장인지 구해 보세요.

✏ 구하려는 것, 주어진 것에 선을 그어 봅니다.

해결하기

답 구하기

사고력 개념 스토리

깨진 항아리 완성하기

준비물 ‹ 붙임딱지

항아리의 뚜껑에 적힌 수는 뚜껑 아래에 적힌 두 수의 합과 같습니다. 항아리의 깨진 부분에 알맞은 붙임딱지를 찾아 붙여 보세요.

준비물 (붙임딱지

주어진 모양을 이용해서 모빌 양쪽에 놓인 수의 합이 같도록 붙임딱지를 붙여 보세요.

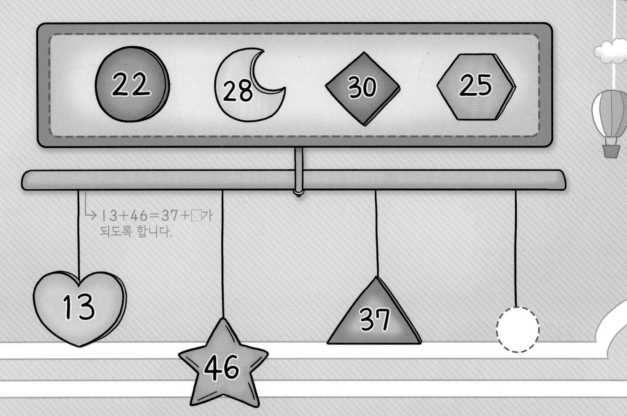

↦ 13+46=37+□가
되도록 합니다.

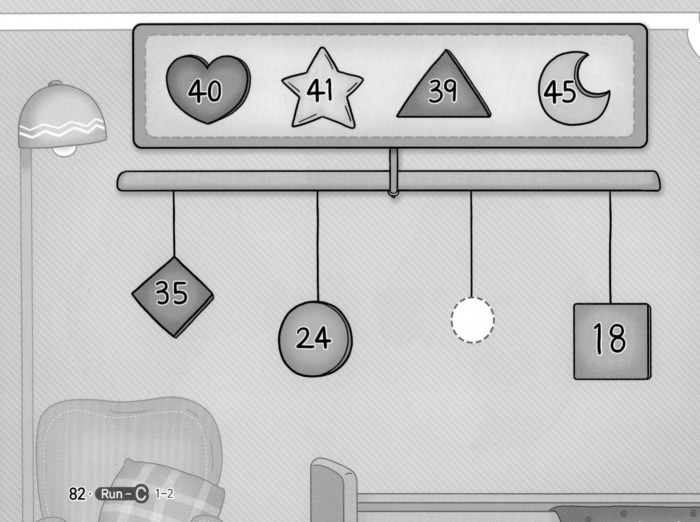

1 다음과 같은 3장의 수 카드가 있습니다. 지우와 준수가 한 장씩 골라 몇십몇을 만들려고 합니다. 두 사람이 만든 수 중 23보다 크고 52보다 작은 수들의 합을 구해 보세요.

❶ 두 사람이 만들 수 있는 몇십몇을 모두 써 보세요.

( )

❷ 두 사람이 만들 수 있는 수 중에서 23보다 크고 52보다 작은 수를 모두 써 보세요.

( )

❸ 위 ❷에서 쓴 수들의 합을 구해 보세요.

( )

2 다음은 은우의 가족 관계를 나타낸 관계도입니다. 아빠의 여자 형제와 엄마의 여자 형제의 나이의 차를 구해 보세요.

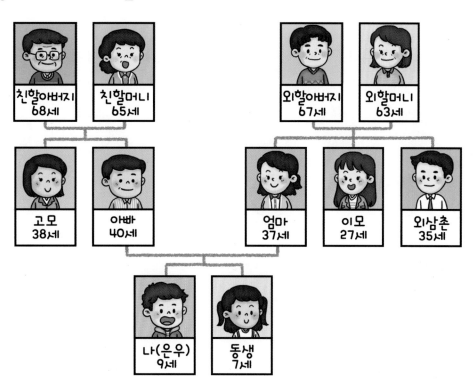

1 □ 안에 알맞은 말을 써넣으세요.

아빠의 여자 형제를 ☐ (이)라 하고, 엄마의 여자 형제를

☐ (이)라고 합니다.

2 아빠의 여자 형제와 엄마의 여자 형제의 나이를 각각 써 보세요.

아빠의 여자 형제 ( )

엄마의 여자 형제 ( )

3 아빠의 여자 형제와 엄마의 여자 형제의 나이의 차를 구해 보세요.

( )

3 식을 보고 각각의 과일이 나타내는 수를 구하여 멜론과 사과가 나타내는 수의 합을 구해 보세요.

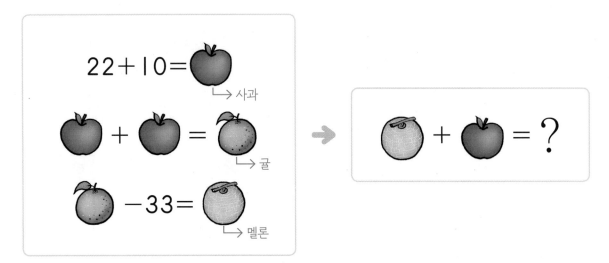

1 각각의 과일이 나타내는 수를 구해 보세요.

(   )

(   )

(   )

2 는 얼마인지 구해 보세요.

(   )

4 진주네 반에서 각자 모은 쿠폰으로 물건을 사는 알뜰 시장을 열었습니다. 친구들이 각자 모은 쿠폰으로 가지고 싶은 물건을 샀을 때 남는 쿠폰이 가장 많은 친구는 누구인지 구해 보세요.

① 친구들이 각자 가지고 싶은 물건을 사면 남는 쿠폰은 각각 몇 장인가요?

진주 (   ), 동호 (   ), 재은 (   )

② 남는 쿠폰 수의 크기를 비교하여 큰 수부터 차례로 써 보세요.

☐ , ☐ , ☐

③ 남는 쿠폰이 가장 많은 친구는 누구인가요?

(   )

1 같은 모양에 적힌 수의 합을 구해 보세요.

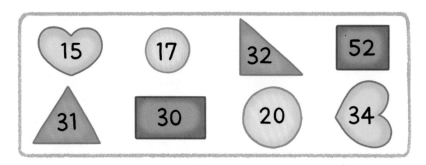

1 ⬤ 모양에 적힌 수의 합을 구해 보세요.

(   )

2 ▲ 모양에 적힌 수의 합을 구해 보세요.

(   )

3 ■ 모양에 적힌 수의 합을 구해 보세요.

(   )

4 ♡ 모양에 적힌 수의 합을 구해 보세요.

(   )

2 6장의 수 카드 중 2장을 한 번씩만 사용하여 몇십몇을 만들려고 합니다. 만들 수 있는 수 중에서 가장 큰 수와 가장 작은 수의 차를 구해 보세요.

1 만들 수 있는 가장 큰 수를 구해 보세요.

(   )

2 만들 수 있는 가장 작은 수를 구해 보세요.

(   )

3 만들 수 있는 몇십몇 중 가장 큰 수와 가장 작은 수의 차를 구해 보세요.

(   )

3 보기의 규칙을 찾아 빈 곳에 알맞은 수를 써넣으세요.

보기

① 규칙을 찾아보세요.

의 수는 양쪽에 있는 두 수의 (합 , 차)이/가 되고,

의 수는 양쪽에 있는 두 수의 (합 , 차)이/가 됩니다.

②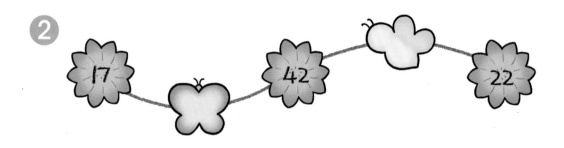

③

4 4개의 벽돌의 순서를 바꾸어 (몇십몇)＋(몇십몇)의 계산 결과가 가장 크게 되도록 식을 쓰고 계산해 보세요.

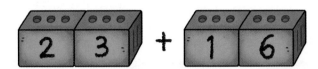

❶ 주어진 벽돌에 적힌 수를 큰 수부터 차례로 써 보세요.

$\square$, $\square$, $\square$, $\square$

❷ (몇십몇)＋(몇십몇)의 계산 결과가 가장 크게 되는 계산식을 쓰려고 합니다. $\square$ 안에 알맞은 수를 써넣으세요.

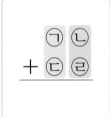

합이 가장 크게 되려면 ㉠과 ㉢에 가장 큰 수와 둘째로 큰 수인 6, $\square$ 을/를 놓습니다.

㉡과 ㉣에는 나머지 수인 2, $\square$ 을/를 놓습니다.

❸ 덧셈식의 계산 결과가 가장 크게 되도록 식을 쓰고 계산해 보세요.

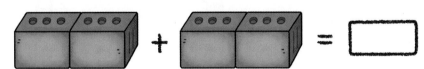

교과 사고력 완성

1 처음 시작한 수에서 사다리를 타고 내려가면서 만나는 계산식을 차례로 계산하여 빈 곳에 알맞은 수를 써넣으세요. (아래로 내려가면서 만나는 다리는 반드시 옆으로 건너야 합니다.)

❶

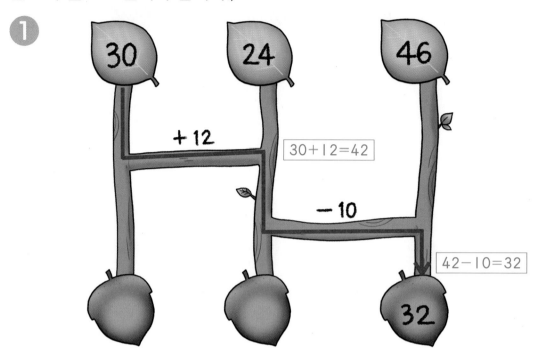

❷

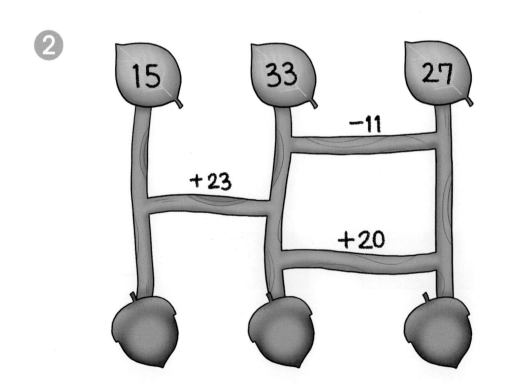

평가 영역 □개념 이해력 □개념 응용력 ☑창의력 □문제 해결력

2 주사위 눈의 수를 차례로 10개씩 묶음의 수와 낱개의 수로 하여 덧셈과 뺄셈을 했습니다. 빈 곳에 알맞은 주사위 눈을 그려 보세요.

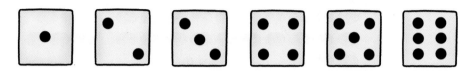

① [::][:.] + [ ][::] = 58

② [::][.] + [::][ ] = 87

③ [:::][::] − [:.][ ] = 32

④ [::][ ] − [:.][::] = 30

맞은 개수

1 그림을 보고 ☐ 안에 알맞은 수를 써넣으세요.

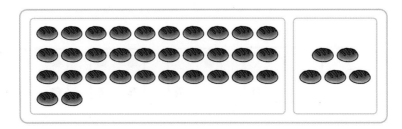

$32 + \boxed{} = \boxed{}$

2 빈칸에 알맞은 수를 써넣으세요.

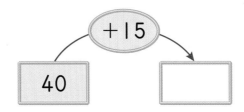

3 계산이 잘못된 이유를 쓰고 바르게 계산해 보세요.

$$\begin{array}{r} 2\,3 \\ +\ 5 \\ \hline 7\,3 \end{array}$$ →

이유 _____

_____

4 두 수의 합과 차를 각각 구해 보세요.

| 33 | 46 |

합 ( )

차 ( )

5 계산 결과가 같은 것끼리 이어 보세요.

20+8	•		•	64−14
20+30	•		•	39−11
36+22	•		•	99−41

6 가장 큰 수와 가장 작은 수의 합을 구해 보세요.

| 23 | 11 | 50 | 68 | 37 |

( )

7 ☐ 안에 알맞은 수를 써넣으세요.

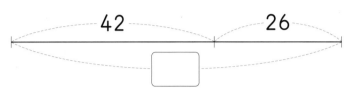

8 계산 결과를 비교하여 ○ 안에 >, =, <를 알맞게 써넣으세요.

| 79 − 36 | ○ | 15 + 31 |

9 ♥에 알맞은 수를 구해 보세요.

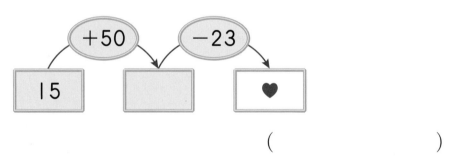

(   )

10 지우네 학교 도서관에는 동화책이 85권 있고, 위인전이 62권 있습니다. 동화책은 위인전보다 몇 권 더 많은지 구해 보세요.

(   )

11

56-32를 여러 가지 방법으로 계산하려고 합니다. ☐ 안에 알맞은 수를 써넣으세요.

방법1

56에서 2를 빼서 54를 구하고, 그 수에서 ☐을/를 빼서

☐을/를 구했습니다. ➡ 56-32=☐

방법2

56에서 30을 빼서 26을 구하고, 그 수에서 ☐을/를 빼서

☐을/를 구했습니다. ➡ 56-32=☐

12

두 수를 골라 덧셈식과 뺄셈식을 써 보세요.

| 10 | 25 | 13 | 42 |

☐ + ☐ = ☐

☐ - ☐ = ☐

13

☐ 안에 알맞은 수를 써넣으세요.

(1)
```
    3 ☐
 +  4 5
 ─────
   ☐ 9
```

(2)
```
    5 4
 -  2 ☐
 ─────
   ☐ 3
```

14 식을 보고 각각의 그림이 나타내는 수를 구해 보세요.

$$13+13=★$$
$$★+2=♥$$
$$♥-15=♣$$

★ (   )

♥ (   )

♣ (   )

15 0부터 9까지의 수 중에서 ☐ 안에 들어갈 수 있는 수는 모두 몇 개인지 구해 보세요.

$$86-12>7\square$$

(   )

16 수 카드를 한 번씩만 사용하여 몇십몇을 만들려고 합니다. 만들 수 있는 가장 큰 수와 가장 작은 수의 합과 차를 각각 구해 보세요.

합 (   )

차 (   )

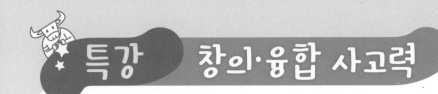

정답과 풀이 p.24

1 양궁은 일정한 거리에 떨어져 있는 과녁에 맞힌 화살 수에 따른 점수의 합으로 겨루는 경기입니다. 동건이와 민수가 다음과 같이 과녁에 화살을 맞혔을 때 동건이는 민수보다 몇 점을 더 얻었는지 구해 보세요.

동건   민수

(1) 동건이와 민수의 점수별 맞힌 화살 수를 구해 보세요.

점수	1점	5점	10점
동건이의 화살 수(개)			
민수의 화살 수(개)			

(2) 동건이와 민수가 얻은 점수를 각각 구해 보세요.

동건 (   )

민수 (   )

(3) 동건이는 민수보다 몇 점을 더 얻었을까요?

(   )

Memo

PLAY 사고력 개념 스토리 · 포도알이 주렁주렁

나란히 달린 포도알에 적힌 두 수의 합과 같은 포도알이 바로 아래에 달리는 규칙으로 포도알이 달렸습니다. 포도알이 주렁주렁 달릴 수 있게 규칙에 알맞은 포도알 붙임딱지를 붙여 보세요.

1주 사고력

PLAY 사고력 개념 스토리 · 덧셈 · 뺄셈 바퀴

물건을 실어 나르는 트럭이 있습니다. 세 수의 계산은 앞에서부터 차례로 계산한다고 합니다. 트럭이 짐을 실어 나를 수 있도록 덧셈 · 뺄셈 바퀴 붙임딱지를 붙여 보세요.

1주 사고력

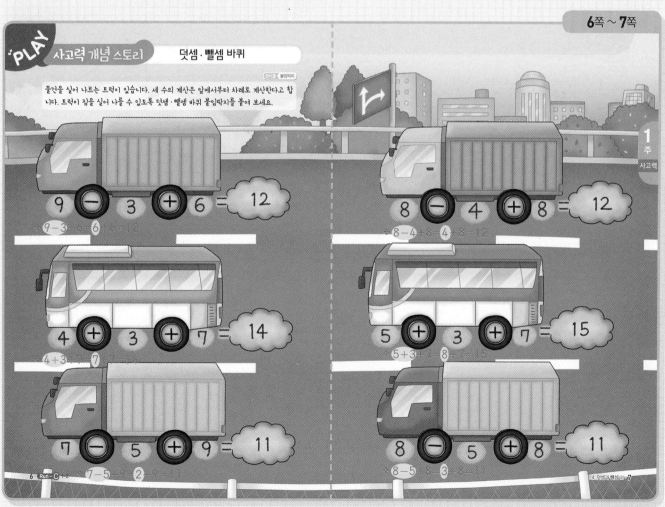

1단계 교과 사고력 잡기

정답과 풀이 p.2

1 가로, 세로 방향에 있는 두 수의 합이 각각 ☐ 안의 수가 됩니다. 필요 없는 수를 모두 찾아 ×표 하세요.

❶ | 11 | 14 | 15 |

㉠
7	8	✗	15
5	6	6	12
4	✗	9	13

7+4=11   8+6=14

✤ ㉠: 7+8=15가 되도록 3에 ×표 합니다.

❷ 4+8 9+6 9+7
| 12 | 15 | 16 |

| ✗ | 9 | 9 | 18 |=9+9
| 4 | ✗ | 9 | 11 |=4+7
| 8 | 6 | ✗ | 14 |=8+6

❸ 9+3 7+9 6+5
| 12 | 16 | 11 |

| ✗ | 7 | 6 | 13 |=7+6
| 9 | ✗ | 5 | 14 |=9+5
| 3 | 9 | ✗ | 12 |=3+9

❹ 7+7 8+7 9+5
| 14 | 15 | 14 |

| 7 | 8 | ✗ | 15 |=7+8
| ✗ | 7 | 9 | 16 |=7+9
| 7 | ✗ | 5 | 12 |=7+5

> 가로(→) 방향 또는 세로(↓) 방향으로 두 수의 합이 ☐ 안의 수가 되도록 해요.
> YES!

2 다음 그림에 나타난 뺄셈식에는 일정한 규칙이 있습니다. ☆이 있는 칸에 들어갈 뺄셈식과 차가 같은 뺄셈식 2개를 그림에서 찾아 써 보세요.

11-6	11-7	11-8
5	4	3
12-6	☆	12-8
6		4
13-6	13-7	13-8
7	6	5

❶ ☐ 안에 알맞은 수를 써넣으세요.

✤ 11-6=5, 11-7=4, 11-8=3, 12-6=6, 12-8=4, 13-6=7, 13-7=6, 13-8=5

❷ ☆이 있는 칸에 들어갈 뺄셈식을 쓰고 계산해 보세요.

$$12-7=5$$

✤ → 방향으로 오른쪽 수가 6부터 1씩 커지므로 12-6 다음으로 12-7이 와야 합니다. ➡ 12-7=5

❸ ☆이 있는 칸에 들어갈 뺄셈식과 차가 같은 뺄셈식 2개를 그림에서 찾아 써 보세요.

$$11-6, 13-8$$

✤ ↘ 방향으로 차가 같으므로 ↘ 방향의 뺄셈식을 찾아보면 11-6과 13-8입니다.

1단계 교과 사고력 잡기

정답과 풀이 p.2

3 동혁이와 민재는 고리 던지기 놀이를 하고 있습니다. 동혁이는 가지고 있던 노란색과 파란색 고리를 모두 던져서 걸었습니다. 민재는 가지고 있던 빨간색 고리를 던져서 걸었고 초록색 고리를 던질 차례입니다. 두 사람이 걸은 고리의 개수가 같으려면 민재는 초록색 고리를 몇 개 걸어야 하는지 구해 보세요.

7개 5개 6개
동혁   민재

❶ 동혁이가 걸은 고리는 모두 몇 개일까요?

(12개)

✤ 노란색 고리: 7개, 파란색 고리: 5개
➡ 7+5=12(개)

❷ 민재가 걸은 빨간색 고리는 몇 개일까요?

(6개)

❸ 두 사람이 걸은 고리의 개수가 같으려면 민재는 초록색 고리를 몇 개 걸어야 하는지 구해 보세요.

(6개)

✤ 민재가 걸은 빨간색 고리는 6개이고 걸어야 하는 초록색 고리를 ☐개라 하면 6+☐=12입니다.
☐는 12보다 6 작은 수이므로 ☐=12-6=6입니다.
따라서 초록색 고리를 던져서 6개 걸어야 합니다.

4 구슬을 빨간색, 파란색, 노란색 3개의 주머니에 모두 나누어 담았습니다. 주머니에 담은 구슬의 수를 나타내는 식을 보고 구슬이 가장 많이 들어 있는 주머니와 가장 적게 들어 있는 주머니의 구슬 수의 차를 구해 보세요.

6 + 9 = ⬤
⬤ − 7 = ⬤
⬤ + 5 = ⬤

❶ 각 주머니에 담은 구슬의 수를 구해 보세요.

(15개)
(8개)
(13개)

✤ 6+9=15 ➡ 빨간색 주머니: 15개
15-7=8 ➡ 파란색 주머니: 8개
8+5=13 ➡ 노란색 주머니: 13개

❷ 구슬이 가장 많이 들어 있는 주머니는 **빨간**색 주머니이고, 구슬이 가장 적게 들어 있는 주머니는 **파란**색 주머니입니다.

✤ 주머니에 든 구슬의 수를 큰 것부터 차례로 쓰면 15, 13, 8입니다.

❸ 구슬이 가장 많이 들어 있는 주머니와 가장 적게 들어 있는 주머니의 구슬 수의 차를 구해 보세요.

(7개)

✤ 15-8=7(개)

② 단계 교과 사고력 확장

1 보기의 규칙에 따라 □ 안에 알맞은 수를 써넣으세요.

┌ 보기 ─────────────────────┐
🦁 + 🐔 → 6   🐜 + 🕷 → 14
└──────────────────────────┘

❶ 보기의 규칙을 찾아보세요.

규칙 동물의 다리 수의 (합), 차)을/를 □ 안에 써넣습니다.

❖ 사자의 다리 수: 4, 닭의 다리 수: 2 ➔ 4+2=6,
  개미의 다리 수: 6, 거미의 다리 수: 8 ➔ 6+8=14

❷

문어   메뚜기
🐙 + 🦗 → 14

❖ 문어의 다리 수: 8, 메뚜기의 다리 수: 6 ➔ 8+6=14

❸
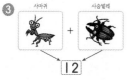
사마귀   사슴벌레
🦗 + 🪲 → 12

❖ 사마귀의 다리 수: 6, 사슴벌레의 다리 수: 6 ➔ 6+6=12

12 · Run - C 1-2

---

2 보기와 같이 ▨ 안에 성냥개비 1개를 더 그려 넣어 올바른 식으로 만들어 보세요.

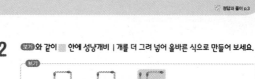

┌ 보기 ─────────────────────┐
7 + 9 = 16   → 7+9=16
└──────────────────────────┘

❶ 14 - 8 = 6
➔ 14-8= 6
❖ 14-8=6이므로 6이 되도록 성냥개비를 그려 넣습니다.

❷ 12 - 9 = 3
➔ 12- 9 =3
❖ 12-□=3에서 □는 12보다 3 작은 수이므로
  □=12-3=9입니다.
  따라서 9가 되도록 성냥개비를 그려 넣습니다.

❸ 8 + 7 = 15
➔ 8 +7=15
❖ □+7=15에서 □는 15보다 7 작은 수이므로
  □=15-7=8입니다.
  따라서 8이 되도록 성냥개비를 그려 넣습니다.

1 주 사고력

---

② 단계 교과 사고력 확장

3 1부터 9까지의 수를 한 번씩만 사용하여 가로에 놓인 세 수의 합과 세로에 놓인 세 수의 합이 같도록 놓으려고 합니다. 빈칸에 알맞은 수를 써넣으세요.

❶
```
      [ 1 ]
[ 3 ][ 2 ][ 7 ]
      [ 9 ]  → 3+2+7=□+2+9
```

❖ 가로에 놓인 세 수의 합:
3+2+7=5+7=12
세로에 놓인 세 수의 합:
□+2+9=12
➔ □+11=12이므로
□=1입니다.

❷
```
      [ 3 ]
[ 7 ][ 4 ][ 5 ]
      [ 9 ]
```

❖ 세로에 놓인 세 수의 합:
3+4+9=7+9=16
가로에 놓인 세 수의 합:
7+4+□=16
➔ 11+□=16이므로
□=5입니다.

❸
```
      [ 3 ]
[ 8 ][ 5 ][ 4 ]
      [ 9 ]
```

❖ 세로에 놓인 세 수의 합:
3+5+9=8+9=17
가로에 놓인 세 수의 합:
□+5+4=17
➔ □+9=17, 8+9=17
이므로□=8입니다.

❹
```
      [ 4 ]
[ 5 ][ 3 ][ 6 ]
      [ 7 ]
```

❖ 세로에 놓인 세 수의 합:
4+3+7=7+7=14
가로에 놓인 세 수의 합:
5+3+□=14
➔ 8+□=14, 8+6=14
이므로□=6입니다.

14 · Run - C 1-2

---

4 보기를 보고 규칙을 찾아 빈 곳에 알맞은 수를 써넣으세요.

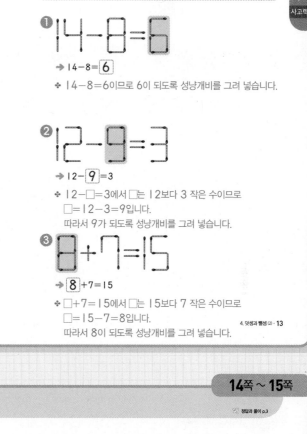

┌ 보기 ────────────────────────┐
 (8) ─ (15) ← 8+7=15   (6)
    +   ─
   (7)   (13)─(7) 13-6=7
└───────────────────────────────┘

❶
```
  (9)        (5)              (7)
   +    (13)─(8)    +    (14)─(7)
       +         +         ─
  (4)        (6)
```

❖ (㉠)—(㉢) + → ㉠+㉡=㉢, (㉠)—(㉢) — → ㉠-㉡=㉢인 규칙입니다.
             (㉡)   (㉡)
9+4=13, 13-5=8, 8+6=14, 14-7=7

❷
```
  (6)        (9)              (4)
   +    (14)─(5)    +    (12)─(8)
       ─         +         ─
  (8)        (7)
```

❖ 6+8=14, 14-9=5, 5+7=12, 12-4=8

1 주 사고력

③ 단계 교과 사고력 완성

평가 영역 □개념 이해력 □개념 응용력 ☑창의력 □문제 해결력

1 보기 의 규칙에 따라 빈 곳에 알맞은 수를 써넣으세요.

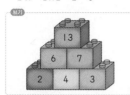

보기

❖ 나란히 놓은 두 수의 합을 위의 블록에 쓰는 규칙입니다.

❶ 12 / 7 5 / 6 1 4

❖ 6+1=7, 1+4=5,
7+5=12

❷ 15 / 7 8 / 5 2 6

❖ 5+2=7, 2+6=8,
7+8=15

❸ 14 / 9 5 / 7 2 3

❖ 7+2=9,
2+3=5,
9+5=14

나란히 놓은
블록과 그 위에 꽂은
블록 사이의 관계를
찾아보세요.

❹ 16 / 7 9 / 4 3 6

❖ 4+3=7, 3+6=9,
7+9=16

16 · Run - C 1-2

평가 영역 □개념 이해력 ☑개념 응용력 □창의력 □문제 해결력

2 영지와 승호는 사탕을 (십몇)−(몇)의 차가 같도록 2개씩 나누어 먹기로 했습니다. 두 사람이 가진 사탕에 쓰여진 수의 차가 같도록 사탕의 빈 곳에 알맞은 수를 써넣으세요.

6 12 7 11

예 11 6   예 12 7
영지   승호

❶ 6, 12, 7, 11로 만들 수 있는 (십몇)−(몇)의 뺄셈식을 모두 계산해 보세요.

11−6=⬚5   11−7=⬚4

12−6=⬚6   12−7=⬚5

❷ ❶에서 계산 결과가 서로 같은 두 뺄셈식을 찾아 써 보세요.

[11]−[6]=[5], [12]−[7]=[5]

❸ 두 사람이 가진 사탕의 빈 곳에 알맞은 수를 써넣으세요.
❖ 영지가 11과 6(또는 12와 7)이 쓰여진 사탕을 가지면 승호는 12와 7(또는 11과 6)이 쓰여진 사탕을 갖게 됩니다.

4. 덧셈과 뺄셈 (2) · 17

Test 종합평가   4. 덧셈과 뺄셈 (2)

맞은 개수

1 모으기와 가르기를 해 보세요.

(1) 9 8 / 17

(2) 15 / 10 5

❖ (1) 9와 8을 모으면 17이 됩니다.
(2) 15는 10과 5로 가르기를 할 수 있습니다.

2 구슬의 수만큼 ○를 그려 넣고 빈 곳에 알맞은 수를 써넣으세요.

⬇

 예 ○○○○○ ○○○○○ / ○○○○○ ○

 7 9 → 16 / 16 10 6

❖ 7과 9를 모으면 10과 6이 되어 16이고, 16은 10과 6으로 가르기를 할 수 있습니다.

3 그림을 보고 ⬚ 안에 알맞은 수를 써넣으세요.

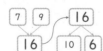

7+8=⬚15
      3 5

❖ 7을 10으로 만들기 위해 8을 3과 5로 가르기를 하여 10을 만들고 남은 5와 더하면 15입니다.

18 · Run - C 1-2

---

4 관계있는 것끼리 이어 보세요.

9+5   8+2+2
6+7   3+3+7
8+4   9+1+4

❖ 앞의 수를 10으로 만들기 위해 뒤의 수를 가르기하거나 뒤의 수를 10으로 만들기 위해 앞의 수를 가르기할 수 있습니다.
• 9+5=9+1+4   • 6+7=3+3+7   • 8+4=8+2+2
   4   3 3   2 2

5 빈칸에 알맞은 수를 써넣으세요.

4 —+8→ 12 —−5→ 7

❖ 4+8=12, 12−5=7

6 두 수의 차가 작은 것부터 순서대로 점을 이어 보세요.

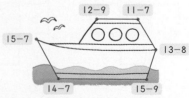

12−9 11−7
15−7   13−8
14−7 15−9

❖ 12−9=3, 11−7=4, 13−8=5,
15−9=6, 14−7=7, 15−7=8의
순서대로 점을 잇습니다.

4. 덧셈과 뺄셈 (2) · 19

Test 종합평가 4. 덧셈과 뺄셈 (2)

정답과 풀이 p.5

7 계산 결과가 4인 것을 찾아 ○표 하세요.

$12-8$ $13-8$ $16-9$
(○) ( ) ( )

❖ $12-8=4$, $13-8=5$, $16-9=7$

8 빈칸에 알맞은 수를 써넣으세요.

6	8	14
7	9	16
13	17	

❖ $6+8=14$, $7+9=16$,
$6+7=13$, $8+9=17$

9 모양이 같은 곳에 쓰인 수의 합을 각각 구해 보세요.

(5) (7) (8)
(9) (4) (6)

● 모양 (13)
▲ 모양 (13)
■ 모양 (13)

❖ • ● 모양에 쓰인 수는 9, 4이므로 $9+4=13$입니다.
• ▲ 모양에 쓰인 수는 5, 8이므로 $5+8=13$입니다.
• ■ 모양에 쓰인 수는 7, 6이므로 $7+6=13$입니다.

20 · Run-C 1·2

10 가장 큰 수와 가장 작은 수의 차를 구해 보세요.

| 11 | 8 | 14 | 6 |

(8)

❖ $14>11>8>6$이므로 가장 큰 수는 14, 가장 작은 수는 6입니다. → $14-6=8$

11 뺄셈을 해 보세요.

(1)
$12-4=$ 8
$12-5=$ 7
$12-6=$ 6
$12-7=$ 5

(2)
$13-6=$ 7
$14-7=$ 7
$15-8=$ 7
$16-9=$ 7

❖ (1) 같은 수에서 1씩 커지는 수를 빼면 차는 1씩 작아집니다.
(2) 1씩 커지는 수에서 1씩 커지는 수를 빼면 차는 항상 같습니다.

12 주차장에 자동차가 16대 있었습니다. 그중 7대가 빠져나갔다면 주차장에 남아 있는 자동차는 몇 대인지 구해 보세요.

식 $16-7=9$
답 9대

❖ (주차장에 남아 있는 자동차)=$16-7=9$(대)

13 □ 안에 알맞은 수를 써넣으세요.

$9+4=5+$ 8

❖ $9+4=13$이므로 $5+□=13$입니다.
→ $5+8=13$이므로 □=8입니다.

4. 덧셈과 뺄셈 (2) · 21

Test 종합평가 4. 덧셈과 뺄셈 (2)
정답과 풀이 p.5

14 선아는 바둑돌을 초록색과 파란색 2개의 상자에 모두 나누어 담았습니다. 상자에 담은 바둑돌의 수를 나타내는 식을 보고 각 상자에 담은 바둑돌의 수를 구해 보세요.

$6+9=$ ▨
▨ $-7=$ ▨

(15개)
(8개)

❖ $6+9=15$ → 초록색 상자: 15개
$15-7=8$ → 파란색 상자: 8개

15 4장의 수 카드를 모두 한 번씩만 사용하여 뺄셈식을 만들어 보세요.

1 7 5 8

1 5 $-$ 7 $=$ 8 (또는 15$-$8=7)

❖ $15-7=8$ 또는 $15-8=7$로 만들 수 있습니다.

16 고리를 던져 영호는 7점과 6점을, 민아는 5점과 4점을 얻었습니다. 점수를 누가 몇 점 더 많이 얻었는지 구해 보세요.

(영호), (4점)

❖ (영호가 얻은 점수)=$7+6=13$(점)
(민아가 얻은 점수)=$5+4=9$(점)
→ $13>9$이므로 영호가 점수를 $13-9=4$(점) 더 많이 얻었습니다.

17 1부터 9까지의 수 중에서 □ 안에 들어갈 수 있는 수를 모두 구해 보세요.

$7+□>6+8$

(8, 9)

❖ $6+8=14$이므로 $7+□=14$에서 □=7입니다.
따라서 $7+□>14$에서 □ 안에 들어갈 수 있는 수는 7보다 큰 수인 8, 9입니다.

22 · Run-C 1·2

특강 창의·융합 사고력
정답과 풀이 p.5

1 다영, 은지, 지우는 주머니에서 각각 꺼낸 공에 적힌 두 수의 합이 작은 사람부터 순서대로 서 있습니다. 다영이와 지우는 각각 어떤 공을 꺼냈는지 구해 보세요. (단, 주머니에서 꺼낸 공은 주머니에 다시 넣지 않습니다.)

내가 꺼낸 공에 적힌 수의 합이 가장 작구나.
내가 꺼낸 공에 적힌 수의 합이 가장 크구나.

 다영 은지 지우

(7) (?) | (8) (5) | (?) (9)

(1) 은지가 꺼낸 공에 적힌 두 수의 합을 구해 보세요.

(13)

❖ $8+5=13$

(2) 다영이가 꺼낸 다른 공에 적힌 수를 구해 보세요.

(4)

❖ 7, 8, 5, 9를 제외한 수 4, 6 중 하나이므로 $7+4=11$, $7+6=13$입니다. 이때 다영이가 꺼낸 공에 적힌 두 수의 합이 가장 작아야 하므로 다영이는 4가 적힌 공을 꺼냈습니다.

(3) 지우가 꺼낸 다른 공에 적힌 수를 구해 보세요.

(6)

❖ 다영이와 은지가 꺼내고 남은 공에 적힌 수는 6입니다.
다영: $7+4=11$, 은지: $8+5=13$, 지우: $6+9=15$로 조건에 맞습니다.
따라서 지우는 6이 적힌 공을 꺼냈습니다.

4. 덧셈과 뺄셈 (2) · 23

정답과 풀이 · **5**

5 규칙 찾기

우리 주변에 숨어 있는 규칙

우리 친구들은 규칙을 아주 어려운 거라고 생각을 하지요? 하지만 이러한 규칙은 우리 주변 곳곳에 많이 숨어 있어요. 이렇게 생활 속에 숨어 있는 규칙을 함께 찾아보기로 해요.

얼룩말은 몸에 줄무늬가 있는데요, 새끼일 때는 몸 전체가 회색이다가 어른이 되면 지금처럼 줄무늬가 진하게 생긴다고 합니다.

지식 클릭!
얼룩말의 줄무늬는?
얼룩말은 종류에 따라 줄무늬 모양이 달라서 줄무늬로 서로를 알아볼 수 있답니다.

줄무늬의 색을 살펴보세요.

얼룩말은 몸에 줄무늬 규칙을 가지고 있습니다. ☐ 안에 알맞은 말을 써넣으시오.

흰색 줄무늬와 **검은색** 줄무늬가 되풀이됩니다.

벌집을 보니 ⬡ 모양의 여러 방들이 모여 있네요. 벌집이 ⬡ 모양인 이유는 이렇게 해야 가장 튼튼하고 안전하게 집을 지을 수 있기 때문이랍니다.

꿀벌

꿀벌의 몸에도 줄무늬 규칙이 있어요

지식 클릭!
꿀벌의 집에는 누가 살까요?
꿀벌의 집 1개에는 한 마리의 여왕벌과 여러 마리의 일벌, 그리고 약간의 수벌이 살고 있습니다.

벌집을 보고 벌집에서 되풀이되는 모양에 ○표 하시오.

방 모양이 모두 똑같네요.

(△ , ● , ■ , ⬡)

1단계 교과서 개념 잡기

개념 1 규칙을 찾아 말하기

✏ 🧽 ✏ 🧽 ✏ 🧽 ✏ 🧽

정답 연필과 지우개가 반복됩니다.

첫 번째 놓인 것과 같은 것을 찾아 /로 표시하면 반복되는 규칙을 쉽게 찾을 수 있어.

개념 2 규칙을 찾아 여러 가지 방법으로 나타내기

	🦆	🦁	🦆	🦁	🦆	🦁	🦆	🦁
그림으로 나타내기	☐	○	☐	○	☐	○	☐	○
수로 나타내기	2	4	2	4	2	4	2	4

말로 설명하기 오리－사자 그림이 반복됩니다.
그림으로 나타내기 오리 그림은 ☐, 사자 그림은 ○로 나타냅니다.
수로 나타내기 오리 그림은 2, 사자 그림은 4로 나타냅니다.

개념 3 규칙을 만들어 무늬 꾸미기

규칙 첫째 줄은 파란색과 노란색이 반복되고, 둘째 줄은 노란색과 파란색이 반복됩니다.

규칙 ◺, ◸ 모양이 반복됩니다.

개념 확인 문제

정답과 풀이 p.6

1-1 규칙에 따라 빈칸에 알맞은 모양을 그려 보세요.

(1)
(2)

✤ (1) ●, ▲, ■가 반복됩니다. (2) ♥, ♥, ☆이 반복됩니다.

1-2 규칙을 바르게 설명한 것의 기호를 써 보세요.

㉠ 오이－당근－오이가 반복되는 규칙입니다.
㉡ 오이－당근이 반복되는 규칙입니다.

(㉡)

2-1 규칙에 따라 빈칸에 알맞은 수를 써넣으세요.

🦋	🐤	🦋	🐤	🦋	🐤	🦋	🐤
4	2	4	2	4	2	4	2

✤ 잠자리 그림은 4, 병아리 그림은 2로 나타냅니다.

3-1 규칙에 따라 색칠하고 ☐ 안에 알맞은 색깔을 써넣으세요.

규칙 첫째 줄은 빨간색과 파란색이 반복되고,
둘째 줄은 **파란색**과 **빨간색**이 반복되는 규칙입니다.
✤ 첫째 줄에서 빨간색 다음은 파란색이므로 빈칸을 파란색으로 색칠합니다.
둘째 줄에서 파란색 다음은 빨간색이므로 빈칸을 빨간색으로 색칠합니다.

1 단계 교과서 개념 잡기

개념 **4** 수 배열에서 규칙 찾아보기

| 2 | 5 | 2 | 5 | 2 | 5 | 2 | 5 |

규칙 2와 5가 반복되는 규칙입니다.

| 20 | 30 | 40 | 50 | 60 | 70 | 80 | 90 |

규칙 20부터 시작하여 10씩 커지는 규칙입니다.

개념 **5** 수 배열표에서 규칙 찾아보기

1	2	3	4	5	6	7	8	9	10
11	12	13	14	15	16	17	18	19	20
21	22	23	24	25	26	27	28	29	30
31	32	33	34	35	36	37	38	39	40
41	42	43	44	45	46	47	48	49	50
51	52	53	54	55	56	57	58	59	60
61	62	63	64	65	66	67	68	69	70
71	72	73	74	75	76	77	78	79	80
81	82	83	84	85	86	87	88	89	90
91	92	93	94	95	96	97	98	99	100

규칙 ① ┈┈ 에 있는 수는 5부터 시작하여 아래쪽으로 1칸 갈 때마다 10씩 커집니다.

② ┈┈ 에 있는 수는 31부터 시작하여 오른쪽으로 1칸 갈 때마다 1씩 커집니다.

③ ━━ 에 있는 수는 1부터 시작하여 ＼ 방향으로 1칸 갈 때마다 11씩 커집니다.

개념 확인 문제

정답과 풀이 p.7

4-1 수 배열에서 규칙을 찾아 □ 안에 알맞은 수를 써넣으세요.

(1)
| 7 | 5 | 7 | 5 | 7 | 5 | 7 | 5 |

규칙 **7** 와/과 **5** 이/가 반복되는 규칙입니다.

(2)
| 4 | 8 | 12 | 16 | 20 | 24 | 28 | 32 |

규칙 4부터 시작하여 **4** 씩 커지는 규칙입니다.

4-2 규칙에 따라 빈 곳에 알맞은 수를 써넣으세요.

(1)
| 1 | 3 | 1 | 3 | 1 | 3 | 1 | 3 |

(2)
| 90 | 80 | 70 | 60 | 50 | 40 | 30 | 20 |

❖ (1) 1과 3이 반복되는 규칙입니다.

(2) 90부터 시작하여 10씩 작아지는 규칙입니다.

5-1 수 배열표를 보고 물음에 답하세요.

61	62	63	64	65	66	67	68	69	70
71	72	73	74	75	76	77	78	79	80
81	82	83	84	85	86	87	88	89	90

(1) 색칠한 수에는 어떤 규칙이 있는지 찾아 써 보세요.

규칙 62부터 시작하여 **4** 씩 커지는 규칙입니다.

(2) 규칙에 따라 나머지 부분에 색칠해 보세요.

❖ 62부터 시작하여 4씩 뛰어 세는 규칙으로 색칠합니다.

2주
교과서

PLAY 교과서 개념 스토리 **칭찬 붙임딱지의 규칙**

붙임딱지

학생들의 칭찬 붙임딱지 모음판입니다. 각자 자신만의 규칙에 따라 칭찬 붙임딱지를 붙였습니다. 규칙에 따라 빈 곳에 알맞은 붙임딱지를 붙여 보세요.

영지

승기

준수

가은

호영

보민

혜미

예) 수빈

❖ 각자 규칙을 정해 붙임딱지를 붙여 보세요.

2주
교과서

2 단계 교과서 개념 다지기

정답과 풀이 p.8

개념1 규칙을 찾아 말하기

01 규칙에 따라 □ 안에 알맞은 모양을 찾아 ○표 하세요.

(🔲 , 🔵 , ◯)

❖ 🔲, 🔳, ◯ 모양이 반복되는 규칙이므로
□ 안에 알맞은 모양은 🔵 모양입니다.

02 규칙에 따라 시곗바늘을 그려 보세요.

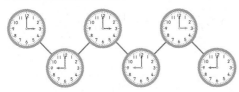

❖ 3시와 9시가 반복되는 규칙입니다.

03 규칙에 따라 빈칸에 알맞은 그림을 그리고, 규칙을 써 보세요.

(1)

규칙 예 ⬇와 ➡가 반복되는 규칙입니다.

(2)

규칙 예 △ - ● - ◼가 반복되는 규칙입니다.

개념2 규칙을 찾아 여러 가지 방법으로 나타내기

04 규칙에 따라 빈칸에 알맞은 수를 써넣으세요.

| 0 | 2 | 5 | 0 | 2 | 5 | 0 | 2 | 5 |

❖ 바위, 가위, 보가 반복되는 규칙입니다.
바위는 0, 가위는 2, 보는 5로 나타냅니다.

05 규칙에 따라 빈칸에 ○와 □를 사용하여 나타내 보세요.

| ○ | □ | ○ | □ | ○ | □ | ○ | □ |

❖ 빵과 우유가 반복되는 규칙입니다.
빵은 ○, 우유는 □로 나타내므로 빈칸에 □, ○, □, ○, □를
차례로 그립니다.

06 규칙에 따라 붙임딱지를 붙이고, 빈칸에 알맞은 모양을 그려 넣으세요.

| △ | ☆ | ☆ | △ | ☆ | ☆ | △ | ☆ | ☆ |

❖ 야구공 - 테니스공 - 테니스공이 반복되는 규칙이므로 빈칸에
테니스공 붙임딱지 2개를 차례로 붙입니다.
야구공은 △, 테니스공은 ☆로 나타냈으므로 빈칸에 ☆, ☆, △,
☆, ☆을 차례로 그립니다.

2 단계 교과서 개념 다지기

정답과 풀이 p.8

개념3 규칙을 만들어 무늬 꾸미기

07 규칙에 따라 색칠하려고 합니다. 빈칸에 알맞은 붙임딱지를 붙여 보세요.

❖ 첫째 줄과 셋째 줄은 빨간색 - 노란색 - 파란색이 반복되고,
둘째 줄은 노란색 - 파란색 - 빨간색이 반복됩니다.

08 규칙에 따라 빈칸에 알맞은 모양을 그려 보세요.

❖ 첫째 줄은 ● - ◆ - ▲가 반복되고,
둘째 줄은 ▲ - ● - ◆가 반복됩니다.

09 보기 에서 찾은 규칙에 따라 무늬를 꾸며 보세요.

❖ 첫째 줄은 🔲 모양이 반복되고 둘째 줄은 🔲 모양이 반복되는 규칙입니다.

개념4 수 배열에서 규칙 찾기

10 수 배열에서 규칙을 찾아 써 보세요.

| 30 | 28 | 26 | 24 | 22 | 20 | 18 |

규칙 예 30부터 시작하여 2씩 작아지는 규칙입니다.

11 규칙에 따라 색칠하고 색칠한 수에 있는 규칙을 써 보세요.

51	52	53	54	55	56	57	58	59	60
61	62	63	64	65	66	67	68	69	70
71	72	73	74	75	76	77	78	79	80

규칙 예 51부터 시작하여 4씩 커지는 규칙입니다.

12 규칙에 따라 빈 곳에 알맞은 수를 써넣으세요.

(1)
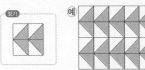
| 3 | 6 | 9 | 12 | 15 | 18 | 21 |

(2)

| 40 | 35 | 30 | 25 | 20 | 15 | 10 |

❖ (1) 3부터 시작하여 3씩 커지는 규칙입니다.
(2) 40부터 시작하여 5씩 작아지는 규칙입니다.

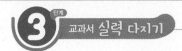 교과서 **실력 다지기**

정답과 풀이 p.9

★ 규칙에 따라 여러 가지 방법으로 나타내기

1 규칙에 따라 빈칸에 알맞은 수를 써넣으세요.

| | | 5 | | | 5 | | | 5 |

> 반복되는 부분을 찾아 각 그림을 어떤 수로 나타냈는지 살펴봅니다.

❖ 100원짜리 동전, 100원짜리 동전, 500원짜리 동전이 반복되고 100원짜리 동전은 1로, 500원짜리 동전은 5로 나타냈습니다.

1-1 규칙에 따라 빈칸에 알맞은 수를 써넣으세요.

| 2 | 0 | 4 | 2 | 0 | 4 | 2 | 0 | 4 |

❖ 닭, 뱀, 토끼가 반복되고 닭은 2, 뱀은 0, 토끼는 4로 나타냈습니다.

1-2 규칙에 따라 빈칸에 알맞은 수를 써넣으세요.

| 3 | 0 | 6 | 3 | 0 | 6 | 3 | 0 | 6 |

❖ ▲, ●, ⬡ 모양이 반복되고 ▲ 모양은 3, ● 모양은 0, ⬡ 모양은 6으로 나타냈습니다.

★ 다양한 수 배열에서 규칙 찾기

2 규칙을 찾아 알맞은 말에 ○표 하고 빈 곳에 알맞은 수를 써넣으세요.

2 4 2 3 6 3 4 8 4

> 양옆의 수를 (더한, 뺀) 수가 가운데에 오는 규칙입니다.

> 수 배열에서 수가 일정한 방향으로 커지거나 작아지는 규칙, 양옆이나 위와 아래에 있는 수의 규칙을 찾을 수 있습니다.

❖ 2+2=4, 3+3=6이므로 양옆의 수를 더한 수가 가운데에 오는 규칙입니다. ➡ 4+4=8

2-1 예은이의 사물함에는 ♥ 모양의 붙임딱지가 붙어 있습니다. 예은이의 사물함 번호는 몇 번일까요?

1	2	3				7	8
9			13	14		16	
			21	22		24	
♥							

(**19번**)

❖ 아래쪽으로 1칸 갈 때마다 8씩 커지는 규칙이므로 3-11-19에서 예은이의 사물함 번호는 19번입니다.

2-2 계산기의 ☐ 안에 있는 수의 배열을 보고 여러 가지 규칙을 찾을 수 있습니다. 한 가지만 써 보세요.

> **예** **아래쪽으로는 3씩 작아집니다.**

❖ 오른쪽으로는 1씩 커집니다, 위쪽으로는 3씩 커집니다 등의 규칙을 찾을 수 있습니다.

 교과서 **실력 다지기**

정답과 풀이 p.9

★ 찢어진 수 배열표에서 규칙 찾기

3 찢어진 수 배열표의 일부분입니다. 빈칸에 알맞은 수를 써넣으세요.

55	56		58
59	60	61	62	63
64		66	67	68

> 수 배열표에서 시작하는 수를 정하여 일정한 방향(↓, →, ↘)으로 수가 몇씩 커지는지, 작아지는지의 규칙을 찾아봅니다.

❖ 오른쪽으로 1칸 갈 때마다 1씩 커지고 아래쪽으로 1칸 갈 때마다 5씩 커집니다.

3-1 찢어진 수 배열표의 일부분입니다. ◆에 알맞은 수를 구해 보세요.

30				35
36	37	38	39	40	41
	43	44	◆	46	47

(**45**)

❖ 오른쪽으로 1칸 갈 때마다 1씩 커지고, 아래쪽으로 1칸 갈 때마다 6씩 커집니다. 따라서 ◆에 알맞은 수는 45입니다.

3-2 찢어진 수 배열표의 일부분입니다. ★에 알맞은 수를 구해 보세요.

71		73	74	75	76	77
78	79	80	81			84
85	86	★	88			

(**87**)

❖ 오른쪽으로 1칸 갈 때마다 1씩 커지고, 아래쪽으로 1칸 갈 때마다 7씩 커집니다. 따라서 ★에 알맞은 수는 87입니다.

Test 교과서 **서술형 연습**

정답과 풀이 p.9

1 진주는 규칙에 따라 카드를 늘어놓았습니다. 12번째 카드에 적힌 수는 얼마인지 구해 보세요.

 ……

> 구하려는 것, 주어진 것에 선을 그어 봅니다.
>
> 수 카드에 적힌 수는 5 , 4 , 7 이/가 반복되는 규칙입니다.
>
> 12번째 카드에 적힌 수는 (첫 , 두 , 세) 번째 카드에 적힌 수와 같습니다.
>
> 따라서 12번째 카드에 적힌 수는 7 입니다.
>
> 답 구하기 7

2 규칙에 따라 과일을 늘어놓았습니다. 11번째에 놓인 과일을 구해 보세요.

구하려는 것

 ……

주어진 것

> 구하려는 것, 주어진 것에 선을 그어 봅니다.
>
> **예** **수박─사과─바나나가 반복되는 규칙입니다.**
>
> **11번째에 놓인 과일은 두 번째에 놓인 과일과 같습니다. 따라서 11번째에 놓인 과일은 사과 입니다.**
>
> 답 구하기 **사과**

1단계 교과 사고력 잡기

정답과 풀이 p.10

1 수 배열을 보고 물음에 답하세요.

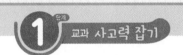

❶ 수 배열에서 규칙을 찾아 □ 안에 알맞은 수를 써넣으세요.

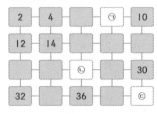

규칙 • 오른쪽으로는 **2** 씩 커집니다.
• 아래쪽으로는 **10** 씩 커집니다.

❷ ㉠, ㉡, ㉢에 알맞은 수를 각각 구해 보세요.

㉠ (**8**)
㉡ (**26**)
㉢ (**40**)

❖ • 2−4−6−㉠ ➡ 오른쪽으로 2씩 커지는 규칙이므로
㉠은 6보다 2만큼 더 큰 수인 8입니다.
• 6−16−㉡ ➡ 아래쪽으로 10씩 커지는 규칙이므로
㉡은 16보다 10만큼 더 큰 수인 26입니다.
• 10−20−30−㉢ ➡ 아래쪽으로 10씩 커지는 규칙
이므로 ㉢은 30보다 10만큼 더 큰 수인 40입니다.

2 규칙을 찾아 쓰고 알맞게 색칠해 보세요.

❶

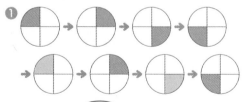

규칙 색칠한 칸이 (시계 방향 , 시계 반대 방향)으로 1칸씩 움직입니다.

❖ 시계 방향으로 1칸씩 움직이는 규칙입니다.

❷

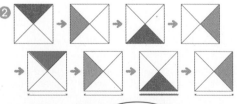

규칙 색칠한 칸이 (시계 방향 , 시계 반대 방향)으로 1칸씩 움직이고
빨간색과 **파란색** 이 반복되는 규칙입니다.

❖ 색칠한 색: 빨간색—파란색이 반복되는 규칙입니다.
색칠한 칸: 시계 반대 방향으로 1칸씩 움직이는 규칙입니다.

② 단계 교과 사고력 확장

정답과 풀이 p.11

1 보기 와 같이 규칙에 따라 빈칸에 알맞은 주사위 눈을 그려 보세요.

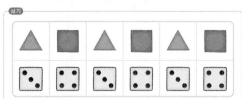

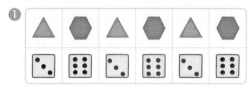

❖ ▲, ⬡ 모양이 반복되고 ▲ 모양은 주사위 눈의 수 3, ⬡ 모양은 주사위 눈의 수 6으로 나타냈습니다.

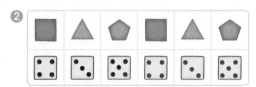

❖ ■, ▲, ⬠ 모양이 반복되고 ■ 모양은 주사위 눈의 수 4, ▲ 모양은 주사위 눈의 수 3, ⬠ 모양은 주사위 눈의 수 5로 나타냈습니다.

44 · Run - C 1-2

2 반복되는 규칙을 이용하여 출발점에서 도착점까지 가는 길을 나타내 보세요.
(단, 왔던 길을 되돌아갈 수는 없습니다.)

① 반복되는 규칙

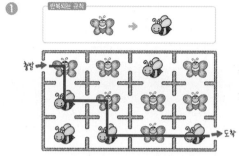

❖ 나비 – 벌 그림이 반복되는 규칙에 따라 길을 찾아갑니다.

② 반복되는 규칙

❖ 🍦 – 🍩 – 🍦 그림이 반복되는 규칙에 따라 길을 찾아갑니다.

5. 규칙 찾기 · 45

---

③ 단계 교과 사고력 완성

정답과 풀이 p.11

평가 영역 □개념 이해력 □개념 응용력 ☑창의력 □문제 해결력

1 규칙에 따라 놓인 동물을 수로 나타냈을 때 ㉠, ㉡, ㉢에 알맞은 수의 합을 구해 보세요.

↓

2	6	4	2	6
4	2	6	4	2
6	4	㉠	6	4
2	㉡	4	㉢	6

(10)

❖ 타조, 메뚜기, 사자가 반복되고 타조는 2, 메뚜기는 6, 사자는 4로 나타냈습니다.
㉠=2, ㉡=6, ㉢=2이므로
㉠+㉡+㉢=2+6+2=10입니다.

각각의 동물을 어떤 수로 나타내는지 알아보세요!

FIGHTING!

46 · Run - C 1-2

Test 종합평가   5. 규칙 찾기

맞은 개수

정답과 풀이 p.11

1 규칙에 따라 빈칸에 알맞은 것을 찾아 ○표 하세요.

(🍎 , 🍐)

❖ 사과, 귤이 반복되므로 사과 다음에는 귤입니다.

2 규칙에 따라 빈칸에 알맞은 모양을 그려 보세요.

(1)

(2)

❖ (1) ➡ 와 ⬆ 가 반복되는 규칙입니다.
(2) ● – ▲ – ■ 가 반복되는 규칙입니다.

3 규칙에 따라 빈칸에 알맞은 수를 써넣으세요.

2	4	2	4	2	4	2	4

❖ 자전거와 버스가 반복되고 자전거를 2, 버스를 4로 나타냈습니다.

5. 규칙 찾기 · 47

Test 종합평가 5. 규칙 찾기

정답과 풀이 p.12

[4~5] 규칙에 따라 빈칸에 알맞은 수를 써넣으세요.

4

❖ 20부터 시작하여 2씩 작아지는 규칙이므로 빈칸에 알맞은 수는 12보다 2만큼 더 작은 수인 10입니다.

5

❖ 15부터 시작하여 5씩 커지는 규칙이므로 빈칸에 알맞은 수는 25보다 5만큼 더 큰 수인 30입니다.

6 규칙에 따라 색칠해 보세요.

❖ ◺, ◸ 모양이 반복되는 규칙입니다.

7 규칙에 따라 빈칸에 알맞은 그림의 이름을 써넣고 규칙을 써 보세요.

버섯 사과

규칙 예) **사과—사과—버섯이 반복되는 규칙입니다.**

8 수 배열표에서 ▨에 있는 수는 몇씩 커지는 규칙일까요?

31	32	33	34	35	36	37	38	39	40
41	42	43	44	45	46	47	48	49	50
51	52	53	54	55	56	57	58	59	60

(10씩)

❖ 색칠한 칸에 있는 수는 36, 46, 56으로 10씩 커지는 규칙입니다.

9 그림을 보고 바둑돌이 놓여 있는 규칙을 설명해 보세요.

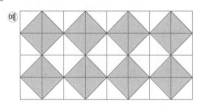

규칙 예) **흰색, 검은색, 검은색, 흰색 바둑돌이 반복되는 규칙입니다.**

10 ◩로 규칙을 만들어 무늬를 꾸며 보세요.

예)

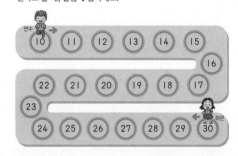

2주 평가

Test 종합평가 5. 규칙 찾기

정답과 풀이 p.12

11 규칙에 따라 나머지 부분에 색칠해 보세요.

1	2	3	4	5	6	7	8	9	10
11	12	13	14	15	16	17	18	19	20
21	22	23	24	25	26	27	28	29	30

❖ 1부터 시작해서 3씩 커지므로 22 다음에는 25, 28이 있는 칸을 차례로 색칠합니다.

12 규칙에 따라 빈칸에 알맞은 그림을 그리고 수를 써넣으세요.

△	◎	□	△	◎	□	△	◎	□
2	0	5	2	0	5	2	0	5

❖ 가위—바위—보가 반복되는 규칙입니다.
가위는 △ 모양과 2, 바위는 ◎ 모양과 0, 보는 □ 모양과 5로 나타냈습니다.

[13~15] 연수와 하은이는 규칙을 따라 말판 위를 움직입니다. 연수는 10 위에서 시작해 한 번에 4칸씩, 하은이는 30 위에서 시작해 한 번에 3칸씩 움직인다고 할 때, 물음에 답하세요.

연수
| 10 | 11 | 12 | 13 | 14 | 15 |
| 22 | 21 | 20 | 19 | 18 | 17 | 16 |
| 23 |
| 24 | 25 | 26 | 27 | 28 | 29 | 30 | 하은

13 연수와 하은이가 번갈아가며 각각 2번씩 움직였을 때, 연수가 도착한 곳의 수와 하은이가 도착한 곳의 수를 차례로 써 보세요.

(18), (24)

❖ 연수는 10—14—18, 하은이는 30—27—24를 따라 움직이므로 각각 18, 24에 도착합니다.

14 처음부터 연수 혼자만 움직인다고 할 때, 하은이가 서 있는 곳까지 가려면 몇 번 움직여야 할까요?

(5번)

❖ 연수는 10—14—18—22—26—30을 따라 움직이므로 5번 움직여야 합니다.

15 연수와 하은이가 번갈아가며 움직일 때, 적어도 각각 몇 번씩 움직여야 서로를 지나칠 수 있을까요?

❖ 연수는 10—14—18—22—26—30, (3번씩)
하은이는 30—27—24—21—18—15—12를 따라 움직이므로 연수가 서 있는 곳의 수가 하은이가 서 있는 곳의 수보다 커지려면 적어도 각각 3번씩 움직여야 합니다.

2주 평가

6 덧셈과 뺄셈 (3)

두 자리 수의
덧셈과 뺄셈을
실패보시고.

덧셈과 뺄셈에서 결괏값이 같은 식의 규칙

어느 전시장에 액자가 일정한 규칙에 따라 걸려 있습니다. 걸려 있는 액자를 보고 알 수 있는 사실을 알아볼까요?

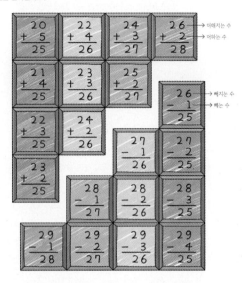

☆ 알 수 있는 사실
• 합이 같은 식을 보면 더하는 수가 I씩 작아지고 더해지는 수가 I씩 커집니다.
• 차가 같은 식을 보면 빼는 수가 I씩 커지고 빼지는 수도 I씩 커집니다.

💡 덧셈과 뺄셈의 규칙을 찾아 □ 안에 알맞은 수를 써넣으세요.

$$16 \quad 15 \quad 14 \quad 13$$

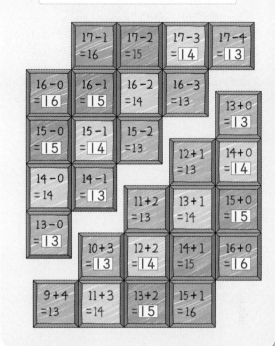

1단계 교과서 개념 잡기

개념 1 받아올림이 없는 (몇십몇)+(몇)

• 32+5의 계산
(1) 모형으로 알아보기

$$32+5=37$$

(2) 세로로 계산하기

개념 2 받아올림이 없는 (몇십몇)+(몇십몇)

• 23+14의 계산
(1) 모형으로 알아보기

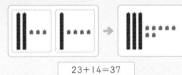

$$23+14=37$$

(2) 세로로 계산하기

개념 확인 문제
정답과 풀이 p.13

1-1 그림을 보고 □ 안에 알맞은 수를 써넣으세요.

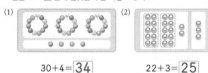

$$30+4=\boxed{34} \qquad 22+3=\boxed{25}$$

❖ (1) 10개씩 묶음 3개와 낱개 4개는 34입니다. ➡ 30+4=34
(2) 공깃돌 22개와 3개는 모두 25개입니다. ➡ 22+3=25

1-2 □ 안에 알맞은 수를 써넣으세요.

(1)
$$\begin{array}{r} 3\ 2 \\ +\quad 4 \\ \hline \boxed{3}\ \boxed{6} \end{array}$$

(2)
$$\begin{array}{r} 9 \\ +2\ 0 \\ \hline \boxed{2}\ \boxed{9} \end{array}$$

(3)
$$\begin{array}{r} 5\ 6 \\ +\quad 3 \\ \hline \boxed{5}\ \boxed{9} \end{array}$$

❖ 낱개끼리 더하고, 10개씩 묶음은 그대로 내려 씁니다.

2-1 빈 곳에 두 수의 합을 써넣으세요.

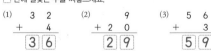

❖ (1) 30+40=70
(2) 42+26=68

2-2 덧셈을 해 보세요.

(1)
$$\begin{array}{r} 5\ 0 \\ +2\ 0 \\ \hline 7\ 0 \end{array}$$

(2)
$$\begin{array}{r} 1\ 6 \\ +3\ 2 \\ \hline 4\ 8 \end{array}$$

(3)
$$\begin{array}{r} 5\ 2 \\ +2\ 7 \\ \hline 7\ 9 \end{array}$$

❖ 줄을 맞추고 낱개끼리, 10개씩 묶음끼리 더합니다.

3
주
교과서

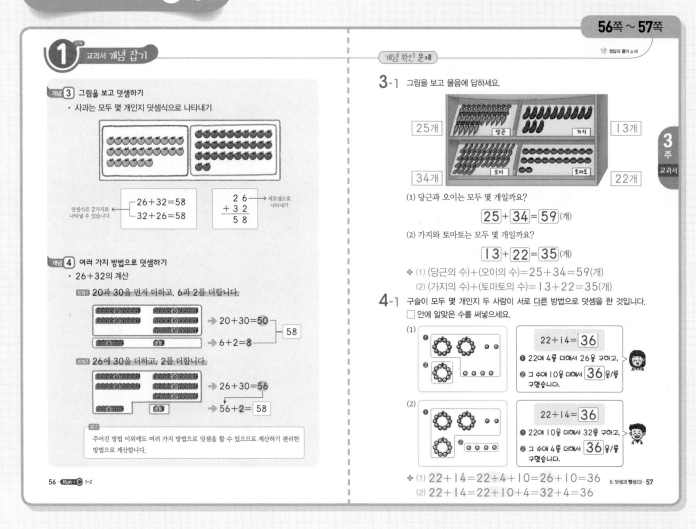

1 교과서 개념 잡기

개념 3 그림을 보고 덧셈하기

• 사과는 모두 몇 개인지 덧셈식으로 나타내기

덧셈식은 2가지로
나타낼 수 있습니다.

26+32=58
32+26=58

2 6
+ 3 2
5 8
→ 세로셈으로
나타내기

개념 4 여러 가지 방법으로 덧셈하기

• 26+32의 계산

방법1 20과 30을 먼저 더하고, 6과 2를 더합니다.

20+30=50
6+2=8
58

방법2 26에 30을 더하고, 2를 더합니다.

26+30=56
56+2= 58

참고
주어진 방법 이외에도 여러 가지 방법으로 덧셈을 할 수 있으므로 계산하기 편리한
방법으로 계산합니다.

56 · Run - C 1-2

개념 확인 문제

정답과 풀이 p.14

3-1 그림을 보고 물음에 답하세요.

25개 당근   가지 13개
34개 오이   토마토 22개

(1) 당근과 오이는 모두 몇 개일까요?

25 + 34 = 59 (개)

(2) 가지와 토마토는 모두 몇 개일까요?

13 + 22 = 35 (개)

❖ (1) (당근의 수)+(오이의 수)=25+34=59(개)
   (2) (가지의 수)+(토마토의 수)=13+22=35(개)

4-1 구슬이 모두 몇 개인지 두 사람이 서로 다른 방법으로 덧셈을 한 것입니다.
□ 안에 알맞은 수를 써넣으세요.

(1)
❶❷

22+14= 36

❶ 22에 4를 더해서 26을 구하고,
❷ 그 26에 10을 더해서 36을/를
   구했습니다.

(2)
❶❷

22+14= 36

❶ 22에 10을 더해서 32를 구하고,
❷ 그 32에 4를 더해서 36을/를
   구했습니다.

❖ (1) 22+14=22+4+10=26+10=36
   (2) 22+14=22+10+4=32+4=36

6. 덧셈과 뺄셈(3) · 57

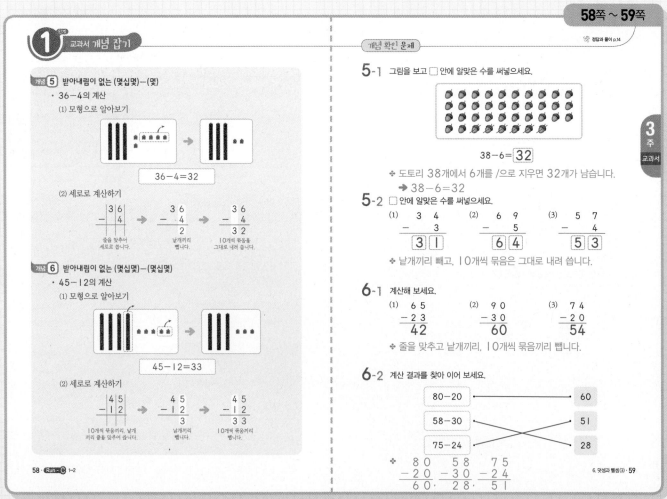

1 교과서 개념 잡기

개념 5 받아내림이 없는 (몇십몇)-(몇)

• 36-4의 계산

(1) 모형으로 알아보기

36-4=32

(2) 세로로 계산하기

- 3 6
  4
→ 줄을 맞추어
  세로로 씁니다.

- 3 6
  4
  2
→ 낱개끼리
  뺍니다.

- 3 6
  4
  3 2
→ 10개씩 묶음을
  그대로 내려 씁니다.

개념 6 받아내림이 없는 (몇십몇)-(몇십몇)

• 45-12의 계산

(1) 모형으로 알아보기

45-12=33

(2) 세로로 계산하기

- 4 5
  1 2
→ 10개씩 묶음끼리, 낱개
  끼리 줄을 맞추어 씁니다.

- 4 5
  1 2
  3
→ 낱개끼리
  뺍니다.

- 4 5
  1 2
  3 3
→ 10개씩 묶음끼리
  뺍니다.

58 · Run - C 1-2

개념 확인 문제

정답과 풀이 p.14

5-1 그림을 보고 □ 안에 알맞은 수를 써넣으세요.

38-6= 32

❖ 도토리 38개에서 6개를 /으로 지우면 32개가 남습니다.
  → 38-6=32

5-2 □ 안에 알맞은 수를 써넣으세요.

(1)
  3 4
-   3
  3 1

(2)
  6 9
-   5
  6 4

(3)
  5 7
-   4
  5 3

❖ 낱개끼리 빼고, 10개씩 묶음은 그대로 내려 씁니다.

6-1 계산해 보세요.

(1)
  6 5
- 2 3
  4 2

(2)
  9 0
- 3 0
  6 0

(3)
  7 4
- 2 0
  5 4

❖ 줄을 맞추고 낱개끼리, 10개씩 묶음끼리 뺍니다.

6-2 계산 결과를 찾아 이어 보세요.

80-20 ——— 60
58-30 ——— 51
75-24 ——— 28

❖
  8 0   5 8   7 5
- 2 0   - 3 0   - 2 4
  6 0   2 8   5 1

6. 덧셈과 뺄셈(3) · 59

① 교과서 개념 잡기

개념 확인 문제
정답과 풀이 p.15

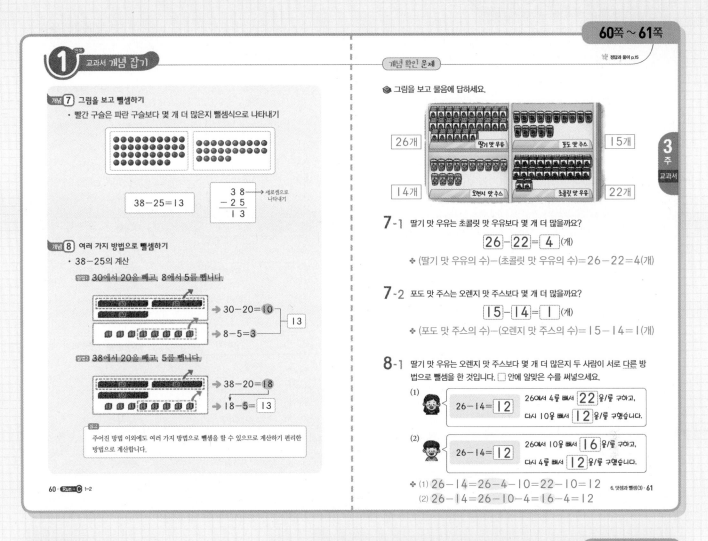

개념 ⑦ 그림을 보고 뺄셈하기

· 빨간 구슬은 파란 구슬보다 몇 개 더 많은지 뺄셈식으로 나타내기

$38-25=13$

$$\begin{array}{r} 3\ 8 \\ -\ 2\ 5 \\ \hline 1\ 3 \end{array}$$

→ 세로셈으로 나타내기

개념 ⑧ 여러 가지 방법으로 뺄셈하기

· 38−25의 계산

방법1 30에서 20을 빼고, 8에서 5를 뺍니다.

$30-20=\boxed{10}$
$8-5=3$
13

방법2 38에서 20을 빼고, 5를 뺍니다.

$38-20=\boxed{18}$
$18-5=\boxed{13}$

참고 주어진 방법 이외에도 여러 가지 방법으로 뺄셈을 할 수 있으므로 계산하기 편리한 방법으로 계산합니다.

60 · Run - C 1~2

🦆 그림을 보고 물음에 답하세요.

26개   15개
14개   22개

7-1 딸기 맛 우유는 초콜릿 맛 우유보다 몇 개 더 많을까요?

$\boxed{26}-\boxed{22}=\boxed{4}$ (개)

❖ (딸기 맛 우유의 수)−(초콜릿 맛 우유의 수)=26−22=4(개)

7-2 포도 맛 주스는 오렌지 맛 주스보다 몇 개 더 많을까요?

$\boxed{15}-\boxed{14}=\boxed{1}$ (개)

❖ (포도 맛 주스의 수)−(오렌지 맛 주스의 수)=15−14=1(개)

8-1 딸기 맛 우유는 오렌지 맛 주스보다 몇 개 더 많은지 두 사람이 서로 다른 방법으로 뺄셈을 한 것입니다. □ 안에 알맞은 수를 써넣으세요.

(1) $26-14=\boxed{12}$
26에서 4를 빼서 $\boxed{22}$을/를 구하고, 다시 10을 빼서 $\boxed{12}$을/를 구했습니다.

(2) $26-14=\boxed{12}$
26에서 10을 빼서 $\boxed{16}$을/를 구하고, 다시 4를 빼서 $\boxed{12}$을/를 구했습니다.

❖ (1) $26-14=26-4-10=22-10=12$
(2) $26-14=26-10-4=16-4=12$

6. 덧셈과 뺄셈(3) · 61

PLAY 교과서 개념 스토리   병아리 부화하기

달걀을 일정한 온도에 맞추어 부화기에 넣으면 병아리가 부화합니다. 예쁜 병아리가 부화할 수 있게 계산 결과에 맞는 붙임딱지를 붙여 보세요.

62 Run - C 1~2

6. 덧셈과 뺄셈(3) 63

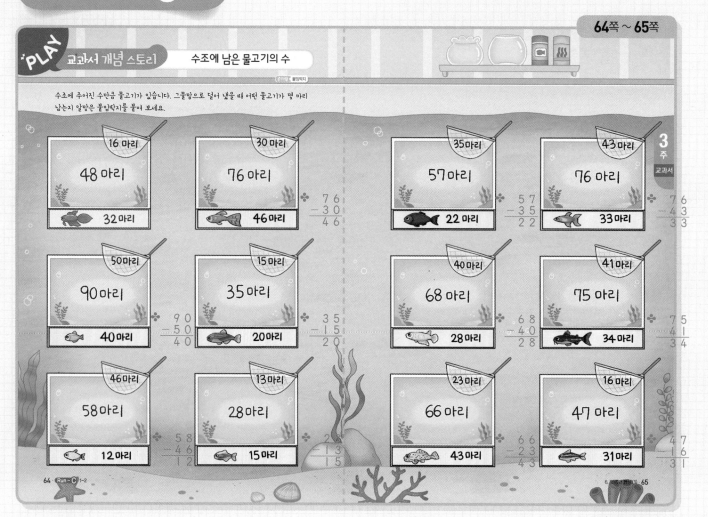

PLAY 교과서 개념 스토리 　수조에 남은 물고기의 수

수조에 주어진 수만큼 물고기가 있습니다. 그물망으로 덜어 냈을 때 어떤 물고기가 몇 마리 남는지 알맞은 붙임딱지를 붙여 보세요.

（16 마리）48 마리 🐟 32 마리

（30 마리）76 아리 🐟 46 마리
$$\begin{array}{r} 7\,6 \\ -\,3\,0 \\ \hline 4\,6 \end{array}$$

（35마리）57마리 🐟 22 마리
$$\begin{array}{r} 5\,7 \\ -\,3\,5 \\ \hline 2\,2 \end{array}$$

（43마리）76 마리 🐟 33마리
$$\begin{array}{r} 7\,6 \\ -\,4\,3 \\ \hline 3\,3 \end{array}$$

（50마리）90마리 🐟 40 마리
$$\begin{array}{r} 9\,0 \\ -\,5\,0 \\ \hline 4\,0 \end{array}$$

（15마리）35 마리 🐟 20마리
$$\begin{array}{r} 3\,5 \\ -\,1\,5 \\ \hline 2\,0 \end{array}$$

（40마리）68마리 🐟 28 마리
$$\begin{array}{r} 6\,8 \\ -\,4\,0 \\ \hline 2\,8 \end{array}$$

（41마리）75 마리 🐟 34마리
$$\begin{array}{r} 7\,5 \\ -\,4\,1 \\ \hline 3\,4 \end{array}$$

（46마리）58마리 🐟 12마리
$$\begin{array}{r} 5\,8 \\ -\,4\,6 \\ \hline 1\,2 \end{array}$$

（13마리）28마리 🐟 15 마리
$$\begin{array}{r} 2\,8 \\ -\,1\,3 \\ \hline 1\,5 \end{array}$$

（23마리）66 마리 🐟 43마리
$$\begin{array}{r} 6\,6 \\ -\,2\,3 \\ \hline 4\,3 \end{array}$$

（16 마리）47 마리 🐟 31마리
$$\begin{array}{r} 4\,7 \\ -\,1\,6 \\ \hline 3\,1 \end{array}$$

---

② 교과서 개념 다지기

정답과 풀이 p.16

개념 1 받아올림이 없는 (몇십몇) + (몇)

01 빈칸에 알맞은 수를 써넣으세요.

+	21	35
3	24	38
4	25	39

❖ 21+3=24, 35+3=38, 21+4=25, 35+4=39

02 합이 같은 것끼리 이어 보세요.

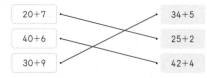

❖ 20+7=27, 40+6=46, 30+9=39
34+5=39, 25+2=27, 42+4=46

03 덧셈을 해 보세요.

(1)
41+1= 42
41+2= 43
41+3= 44
41+4= 45

(2)
13+4= 17
23+4= 27
33+4= 37
43+4= 47

❖ (1) 같은 수에 1씩 커지는 수를 더하면 합도 1씩 커집니다.
(2) 10씩 커지는 수에 같은 수를 더하면 합도 10씩 커집니다.

개념 2 받아올림이 없는 (몇십몇) + (몇십몇)

04 계산해 보세요.

(1) 20+70= 90　(2) 43+14= 57　(3)
$$\begin{array}{r} 1\,6 \\ +\,3\,2 \\ \hline 4\,8 \end{array}$$

❖ (1)
$$\begin{array}{r} 2\,0 \\ +\,7\,0 \\ \hline 9\,0 \end{array}$$
(2)
$$\begin{array}{r} 4\,3 \\ +\,1\,4 \\ \hline 5\,7 \end{array}$$

05 □ 안에 알맞은 수를 써넣으세요.

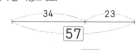

34+23= 57

❖ □는 34와 23의 합과 같으므로 □=34+23=57입니다.

06 같은 모양에 적힌 수의 합을 구해 보세요.

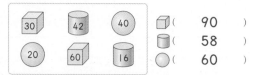

🟦(90)
🛢(58)
⚪(60)

❖ 🟦 모양에 적힌 수의 합: 30+60=90
🛢 모양에 적힌 수의 합: 42+16=58
⚪ 모양에 적힌 수의 합: 40+20=60

07 마트에 사과 주스 15병과 딸기 주스 24병이 있습니다. 마트에 있는 사과 주스와 딸기 주스는 모두 몇 병일까요?

(39병)

❖ (사과 주스의 수)+(딸기 주스의 수)
=15+24=39(병)

② 단계 교과서 개념 다지기

정답과 풀이 p.17

개념3 그림을 보고 덧셈하기

08 진열장의 인형을 보고 여러 가지 덧셈식을 써 보세요.

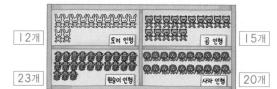

12개 토끼 인형   공 인형 **15개**
23개 원숭이 인형   사자 인형 **20개**

(예) $12 + 20 = 32$
$15 + 23 = 38$

❖ 토끼 인형 12개, 곰 인형 15개, 원숭이 인형 23개, 사자 인형 20개입니다.
➡ $12 + 15 = 27$, $15 + 20 = 35$, $12 + 23 = 35$, $23 + 20 = 43$ 등 여러 가지 덧셈식을 만들어 봅니다.

개념4 여러 가지 방법으로 덧셈하기

09 $24 + 15$를 여러 가지 방법으로 계산해 보세요.

방법1   방법2

24에 5를 더해서 **29**을/를 구하고, **10**을/를 더합니다.

20과 **10**을/를 더하고, 4와 **5**을/를 더합니다.

$24 + 15 = 39$

❖ 방법1 $24 + 15 = 24 + 5 + 10 = 29 + 10 = 39$
방법2 $24 + 15 = 20 + 10 + 4 + 5 = 30 + 9 = 39$ ➡ $24 + 15 = 39$

68 · Run - C

개념5 받아내림이 없는 (몇십몇) − (몇)

10 빈칸에 알맞은 수를 써넣으세요.

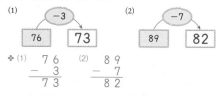

(1) 76 →(−3)→ **73**   (2) 89 →(−7)→ **82**

❖ (1) $\begin{array}{r} 7\,6 \\ -\ \ 3 \\ \hline 7\,3 \end{array}$ (2) $\begin{array}{r} 8\,9 \\ -\ \ 7 \\ \hline 8\,2 \end{array}$

11 잘못 계산한 곳을 찾아 바르게 계산해 보세요.

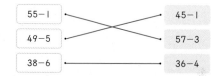

$\begin{array}{r} 6\,5 \\ -\ \ 3 \\ \hline 3\,5 \end{array}$ ➡ $\begin{array}{r} 6\,5 \\ -\ \ 3 \\ \hline 6\,2 \end{array}$

❖ 낱개끼리 줄을 맞추어 쓰고 빼야 하는데 10개씩 묶음에서 낱개를 빼서 틀렸습니다.

12 차가 같은 것끼리 이어 보세요.

55−1 ╳ 45−1
49−5   57−3
38−6 ── 36−4

❖ $55 - 1 = 54$, $49 - 5 = 44$, $38 - 6 = 32$
$45 - 1 = 44$, $57 - 3 = 54$, $36 - 4 = 32$

6. 덧셈과 뺄셈(3) · 69

---

② 단계 교과서 개념 다지기

정답과 풀이 p.17

개념6 받아내림이 없는 (몇십몇) − (몇십몇)

13 계산 결과가 가장 큰 것을 찾아 기호를 써 보세요.

㉠ $\begin{array}{r} 7\,0 \\ -5\,0 \\ \hline 2\,0 \end{array}$ ㉡ $\begin{array}{r} 5\,4 \\ -2\,1 \\ \hline 3\,3 \end{array}$ ㉢ $\begin{array}{r} 6\,8 \\ -3\,4 \\ \hline 3\,4 \end{array}$

(**㉢**)

❖ ㉠ 20, ㉡ 33, ㉢ 34에서 계산 결과가 큰 것부터 쓰면 ㉢ 34, ㉡ 33, ㉠ 20입니다.

14 뺄셈을 해 보세요.

(1)
$47 - 12 = $ **35**
$46 - 12 = $ **34**
$45 - 12 = $ **33**
$44 - 12 = $ **32**

(2)
$63 - 31 = $ **32**
$64 - 32 = $ **32**
$65 - 33 = $ **32**
$66 - 34 = $ **32**

❖ (1) 1씩 작아지는 수에서 같은 수를 빼면 차도 1씩 작아집니다.
(2) 1씩 커지는 수에서 1씩 커지는 수를 빼면 차는 항상 같습니다.

15 주머니에서 수를 하나씩 골라 뺄셈식을 써 보세요.

57 83   22 31
95 79   13 40

(예) **57** − **31** = **26**

❖ $83 - 22 = 61$, $95 - 40 = 55$, $79 - 13 = 66$ 등 여러 가지 뺄셈식을 쓸 수 있습니다.

70 · Run - C 1-2

개념7 그림을 보고 뺄셈하기

16 딸기 맛 사탕과 사과 맛 사탕 중 어느 것이 얼마나 더 많은지 알아보려고 합니다. ☐ 안에 알맞게 써넣으세요.

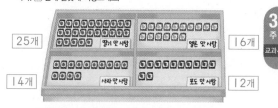

25개 딸기 맛 사탕   엘몬 맛 사탕 **16개**
14개 사과 맛 사탕   포도 맛 사탕 **12개**

딸기 맛 사탕이 **25** − **14** = **11** (개) 더 많습니다.

❖ 딸기 맛 사탕: 25개, 사과 맛 사탕: 14개 ➡ 딸기 맛 사탕이 사과 맛 사탕보다 $25 - 14 = 11$ (개) 더 많습니다.

개념8 여러 가지 방법으로 뺄셈하기

17 $28 - 14$를 여러 가지 방법으로 계산해 보세요.

방법1   방법2

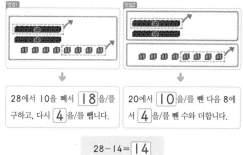

28에서 10을 빼서 **18**을/를 구하고, 다시 **4**을/를 뺍니다.

20에서 **10**을/를 뺀 다음 8에서 **4**을/를 뺀 수와 더합니다.

$28 - 14 = $ **14**

❖ 방법1 $28 - 14 = 28 - 10 - 4 = 18 - 4 = 14$
방법2 $28 - 14 = (20 - 10) + (8 - 4) = 10 + 4 = 14$
➡ $28 - 14 = 14$

6. 덧셈과 뺄셈(3) · 71

③ 단계 교과서 실력 다지기

정답과 풀이 p.18

★ 계산 결과 비교하기

1 합이 더 큰 것에 ○표 하세요.

31+26	24+30
(○)	( )

개념 피드백
① 낱개끼리, 10개씩 묶음끼리 계산합니다.
② 10개씩 묶음의 수가 클수록 더 큰 수이고, 10개씩 묶음의 수가 같을 때에는 낱개의 수가 클수록 더 큰 수입니다.

❖ 31+26=57, 24+30=54 ➔ 57>54

1-1 계산 결과를 비교하여 ○ 안에 >, =, <를 알맞게 써넣으세요.

(1) 69-4 ⊗ 50+9

(2) 88-12 ⊗ 34+43

❖ (1) 69-4=65, 50+9=59 ➔ 65>59
  (2) 88-12=76, 34+43=77 ➔ 76<77

1-2 계산 결과가 큰 것부터 차례로 기호를 써 보세요.

㉠ 75+3	㉡ 36+41
㉢ 87-6	㉣ 79-15

(㉢, ㉠, ㉡, ㉣)

❖ ㉠ 75+3=78 ㉡ 36+41=77
  ㉢ 87-6=81 ㉣ 79-15=64
  ➔ 계산 결과가 큰 것부터 차례로 쓰면 ㉢ 81, ㉠ 78,
  ㉡ 77, ㉣ 64입니다.

72 · Run - C 1-2

★ □ 안에 알맞은 수 구하기(1)

2 □ 안에 알맞은 수를 써넣으세요.

$$\begin{array}{r} 3\ 4 \\ +\ 2\ \boxed{4} \\ \hline 5\ 8 \end{array}$$

개념 피드백
10개씩 묶음끼리, 낱개끼리 계산하여 □ 안에 알맞은 수를 구합니다.

❖ 4+□=8에서 4와 더해서 8이 되는 수는 4이므로 □=4 입니다.

2-1 □ 안에 알맞은 수를 써넣으세요.

(1)
$$\begin{array}{r} \boxed{4}\ 2 \\ +\ 3\ 5 \\ \hline 7\ 7 \end{array}$$

(2)
$$\begin{array}{r} 5\ \boxed{6}^{㉠} \\ +\ 1\ 3 \\ \hline \boxed{6}^{㉡}\ 9 \end{array}$$

❖ (1) □+3=7에서 3과 더해서 7이 되는 수는 4이므로 □=4입니다.
  (2) ・㉠+3=9에서 3과 더해서 9가 되는 수는 6이므로 ㉠=6입니다.
  ・5+1=㉡, ㉡=6입니다.

2-2 □ 안에 알맞은 수를 써넣으세요.

(1)
$$\begin{array}{r} 5\ 8 \\ -\ 2\ \boxed{7} \\ \hline 3\ 1 \end{array}$$

(2)
$$\begin{array}{r} 7\ \boxed{8}^{㉠} \\ -\ 4\ 5 \\ \hline \boxed{3}^{㉡}\ 3 \end{array}$$

❖ (1) 8-□=1에서 □는 8보다 1 작은 수이므로 □=8-1=7입니다.
  (2) ・㉠-5=3에서 ㉠은 3보다 5 큰 수이므로 ㉠=3+5=8입니다.
  ・7-4=㉡, ㉡=3입니다.

6. 덧셈과 뺄셈(3) · 73

③ 단계 교과서 실력 다지기

정답과 풀이 p.18

★ □ 안에 알맞은 수 구하기(2)

3 0부터 9까지의 수 중에서 □ 안에 들어갈 수 있는 수를 모두 구해 보세요.

23+4<2□

답 8, 9

개념 피드백
계산할 수 있는 식을 먼저 계산하고 두 수의 크기 비교를 하여 □ 안에 알맞은 수를 구합니다. 이때, 10개씩 묶음의 수부터 비교하여 조건에 알맞은 수를 구합니다.

❖ 23+4=27이므로 27<2□입니다.
  10개씩 묶음의 수가 같으므로 □는 7보다 커야 합니다. 따라서 □ 안에 들어갈 수 있는 수는 8, 9입니다.

3-1 1부터 9까지의 수 중에서 □ 안에 들어갈 수 있는 수를 모두 구해 보세요.

24+43<□5

(7, 8, 9)

❖ 24+43=67이므로 67<□5입니다.
  낱개의 수를 비교하면 7>5이므로 □는 6보다 커야 합니다.
  따라서 □ 안에 들어갈 수 있는 수는 7, 8, 9입니다.

3-2 □ 안에 들어갈 수 있는 몇십몇 중에서 가장 큰 수를 구해 보세요.

65-12>□

(52)

❖ 65-12=53이므로 53>□입니다.
  □는 53보다 작아야 하므로 □ 안에 들어갈 수 있는 몇십몇 중에서 가장 큰 수는 52입니다.

74 · Run - C 1-2

★ 덧셈과 뺄셈의 활용

4 혜미는 색종이를 32장 가지고 있고, 정호는 혜미보다 13장 더 많이 가지고 있습니다. 혜미와 정호가 가지고 있는 색종이는 모두 몇 장인지 구해 보세요.

답 _____77장_____

개념 피드백
・'~의 합', '~보다 몇이 더 많다'라는 문장은 덧셈식을 이용할 수 있습니다.
・'~의 차', '~보다 몇이 더 적다'라는 문장은 뺄셈식을 이용할 수 있습니다.

❖ (정호가 가진 색종이 수)=32+13=45(장)
  ➔ (혜미와 정호가 가진 색종이 수)=32+45=77(장)

4-1 어느 꽃 가게에 장미는 55송이 있고, 카네이션은 장미보다 12송이 더 적게 있습니다. 꽃 가게에 있는 장미와 카네이션은 모두 몇 송이인지 구해 보세요.

(98송이)

❖ (카네이션의 수)=55-12=43(송이)
  ➔ (장미와 카네이션 수의 합)=55+43=98(송이)

4-2 1반과 2반의 남학생과 여학생 수를 나타낸 표입니다. 두 반의 학생 수의 차는 몇 명인지 구해 보세요.

반	남학생 수	여학생 수
1반	11명	13명
2반	10명	15명

(1명)

❖ (1반의 학생 수)=11+13=24(명)
  (2반의 학생 수)=10+15=25(명)
  ➔ 25-24=1(명)

6. 덧셈과 뺄셈(3) · 75

 **3** 교과서 실력 다지기

정답과 풀이 p.19

3주 교과서

★ 각 모양이 나타내는 수 구하기

5 식을 보고 각각의 모양이 나타내는 수를 구해 보세요.

$$11+11=●$$
$$●+20=▲$$

● (22), ▲ (42)

개념 피드백
· 같은 모양은 같은 수를 나타냅니다.
· 낱개끼리, 10개씩 묶음끼리 계산합니다.

❖ 11+11=22이므로 ●=22입니다.
● +20=▲에서 ●=22이므로 22+20=▲, ▲=42입니다.

5-1 식을 보고 각각의 모양이 나타내는 수를 구해 보세요.

$$21+21=■$$
$$■+■=★$$

■ (42), ★ (84)

❖ 21+21=42이므로 ■=42입니다.
■+■=★에서 ■=42이므로 42+42=★, ★=84입니다.

5-2 식을 보고 각각의 모양이 나타내는 수를 구해 보세요.

$$♥+♥=20$$
$$♥+14=◆$$

♥ (10), ◆ (24)

❖ 10+10=20이므로 ♥=10입니다.
♥+14=◆에서 ♥=10이므로 10+14=◆, ◆=24입니다.

★ 어떤 수 구하기

6 어떤 수에서 10을 뺐더니 30이 되었습니다. 어떤 수를 구해 보세요.

답 40

개념 피드백
① 어떤 수를 이용하여 계산한 식을 세웁니다.
② 거꾸로 생각하여 어떤 수를 구합니다.

❖ (어떤 수)−10=30, 어떤 수는 30보다 10 큰 수이므로
(어떤 수)=30+10=40입니다.

6-1 어떤 수에 2를 더했더니 47이 되었습니다. 어떤 수를 구해 보세요.

(45)

❖ (어떤 수)+2=47, 어떤 수는 47보다 2 작은 수이므로
(어떤 수)=47−2=45입니다.

6-2 어떤 수에서 13을 뺐더니 33이 되었습니다. 어떤 수에 13을 더하면 얼마인지 구해 보세요.

(59)

❖ (어떤 수)−13=33, 어떤 수는 33보다 13 큰 수이므로
(어떤 수)=33+13=46입니다.
➜ (어떤 수)+13=46+13=59입니다.

Test 교과서 서술형 연습

정답과 풀이 p.19

3주 교과서

1 다음 수 중에서 가장 큰 수와 가장 작은 수의 합은 얼마인지 구해 보세요.

| 27 | 50 | 62 | 15 |

✎ 구하려는 것, 주어진 것에 선을 그어 봅니다.

해결하기 수를 큰 수부터 차례로 쓰면 62 50 27 15 이므로
가장 큰 수는 62 이고 가장 작은 수는 15 입니다.
따라서 가장 큰 수와 가장 작은 수의 합은 62 + 15 = 77
입니다.

답 구하기 77

2 다음 수 중에서 둘째로 큰 수와 가장 작은 수의 차는 얼마인지 구해 보세요.

| 81 | 22 | 79 | 46 |

구하려는 것
주어진 것

✎ 구하려는 것, 주어진 것에 선을 그어 봅니다.

해결하기 예 수를 큰 수부터 차례로 쓰면 81, 79,
46, 22이므로 둘째로 큰 수는 79이고, 가장 작은 수는 22입니다. 따라서 둘째로 큰 수와 가장 작은 수의 차는 79−22=57입니다.

답 구하기 57

3 어느 과일 가게에 사과가 64개 있었습니다. 그중에서 오전에 21개를 팔고, 오후에 20개를 팔았습니다. 과일 가게에 남아 있는 사과는 몇 개인지 구해 보세요.

✎ 구하려는 것, 주어진 것에 선을 그어 봅니다.

해결하기 오전에 팔고 남은 사과는 64 − 21 = 43 개이고,
오후에 팔고 남은 사과는 43 − 20 = 23 개입니다.
따라서 과일 가게에 남아 있는 사과는 23 개입니다.

답 구하기 23 개

4 재우는 딱지를 24장 모았고 선아는 재우보다 12장 더 많이 모았습니다. 예준이는 선아보다 5장 더 적게 모았다면 예준이가 모은 딱지는 몇 장인지 구해 보세요.

주어진 것
구하려는 것

✎ 구하려는 것, 주어진 것에 선을 그어 봅니다.

해결하기 예 재우가 모은 딱지는 24장이므로 선아가
모은 딱지는 24+12=36(장)입니다.
따라서 예준이가 모은 딱지는
36−5=31(장)입니다.

답 구하기 31장

PLAY 사고력 개념 스토리   깨진 항아리 완성하기

항아리의 뚜껑에 적힌 수는 뚜껑 아래에 적힌 두 수의 합과 같습니다. 항아리의
깨진 부분에 알맞은 붙임딱지를 찾아 붙여 보세요.

4주 사고력

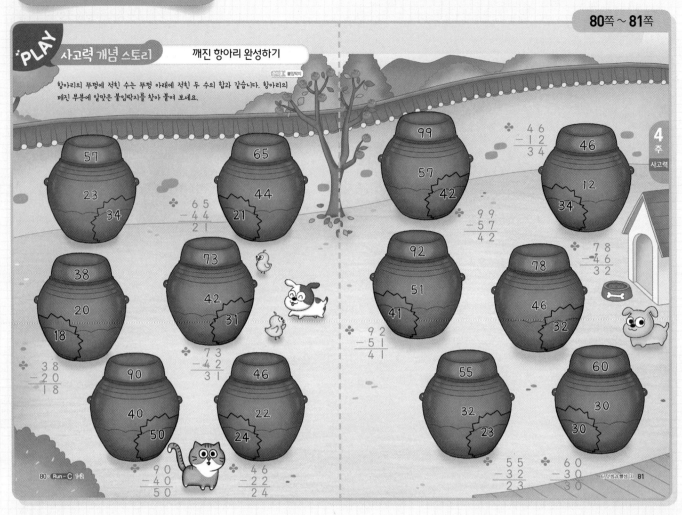

PLAY 사고력 개념 스토리   모빌 만들기

주어진 모양을 이용해서 모빌 양쪽에 놓인 수의 합이 같도록 붙임딱지를 붙여 보세요.

4주 사고력

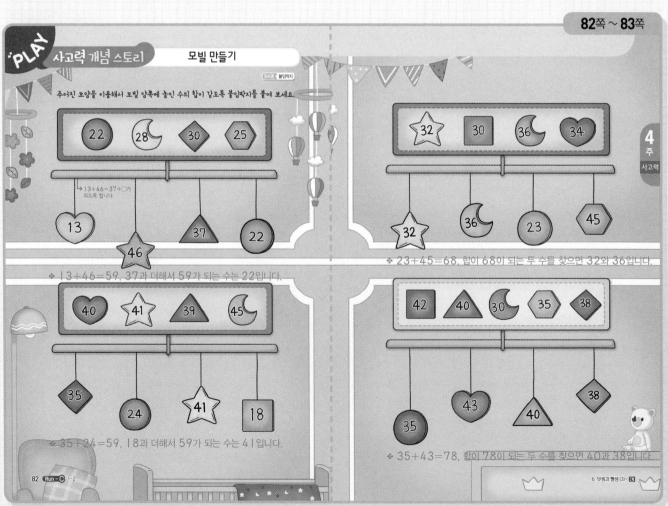

⤷ 13+46=37+□가
되도록 합니다.

❖ 13+46=59, 37과 더해서 59가 되는 수는 22입니다.

❖ 23+45=68, 합이 68이 되는 두 수를 찾으면 32와 36입니다.

❖ 35+24=59, 18과 더해서 59가 되는 수는 41입니다.

❖ 35+43=78, 합이 78이 되는 두 수를 찾으면 40과 38입니다.

1단계 교과 사고력 잡기

정답과 풀이 p.21

1 다음과 같은 3장의 수 카드가 있습니다. 지우와 준수가 한 장씩 골라 몇십몇을 만들려고 합니다. 두 사람이 만든 수 중 23보다 크고 52보다 작은 수들의 합을 구해 보세요.

① 두 사람이 만들 수 있는 몇십몇을 모두 써 보세요.
(12, 15, 21, 25, 51, 52)
❖ 두 사람이 만들 수 있는 몇십몇은 12, 15, 21, 25, 51, 52입니다.

② 두 사람이 만들 수 있는 수 중에서 23보다 크고 52보다 작은 수를 모두 써 보세요.
(25, 51)
❖ 12, 15, 21, 25, 51, 52 중에서 23보다 크고 52보다 작은 수는 25, 51입니다.

③ 위 ②에서 쓴 수들의 합을 구해 보세요.
(76)
❖ 25+51=76

---

2 다음은 은우의 가족 관계를 나타낸 관계도입니다. 아빠의 여자 형제와 엄마의 여자 형제의 나이의 차를 구해 보세요.

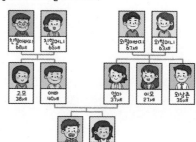

4주 사고력

① □ 안에 알맞은 말을 써넣으세요.
아빠의 여자 형제를 **고모** (이)라 하고, 엄마의 여자 형제를 **이모** (이)라고 합니다.

② 아빠의 여자 형제와 엄마의 여자 형제의 나이를 각각 써 보세요.
아빠의 여자 형제 (**38세**)
엄마의 여자 형제 (**27세**)
❖ 고모의 나이는 38세이고 이모의 나이는 27세입니다.

③ 아빠의 여자 형제와 엄마의 여자 형제의 나이의 차를 구해 보세요.
(**11세**)
❖ 38-27=11(세)

1단계 교과 사고력 잡기

정답과 풀이 p.21

3 식을 보고 각각의 과일이 나타내는 수를 구하여 멜론과 사과가 나타내는 수의 합을 구해 보세요.

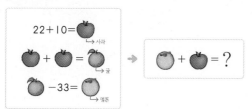

① 각각의 과일이 나타내는 수를 구해 보세요.
🍅 (32)
🍎 (64)
🍏 (31)

❖ 22+10=32이므로 🍅=32입니다.
32+32=64이므로 🍎=64입니다.
🍎-33=64-33=31이므로 🍏=31입니다.

② 🍏+🍅는 얼마인지 구해 보세요.
(63)
❖ 🍏=31, 🍅=32이므로 31+32=63입니다.

---

4 진주네 반에서 각자 모은 쿠폰으로 물건을 사는 알뜰 시장을 열었습니다. 친구들이 각자 모은 쿠폰으로 가지고 싶은 물건을 샀을 때 남는 쿠폰이 가장 많은 친구는 누구인지 구해 보세요.

4주 사고력

① 친구들이 각자 가지고 싶은 물건을 사면 남는 쿠폰은 각각 몇 장인가요?
진주 (15장), 동호 (24장), 재은 (20장)
❖ 진주: 28-13=15(장), 동호: 39-15=24(장)
재은: 40-20=20(장)

② 남는 쿠폰 수의 크기를 비교하여 큰 수부터 차례로 써 보세요.
24, 20, 15
❖ 남는 쿠폰의 수가 진주 15장, 동호 24장, 재은 20장이므로 큰 수부터 차례로 쓰면 24, 20, 15입니다.

③ 남는 쿠폰이 가장 많은 친구는 누구인가요?
(동호)
❖ 동호에게 남는 쿠폰이 24장으로 가장 많습니다.

② 단계 교과 사고력 확장

1 같은 모양에 적힌 수의 합을 구해 보세요.

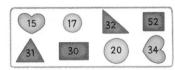

❶ ⬭ 모양에 적힌 수의 합을 구해 보세요.

(37)

❖ 17+20=37

❷ ▲ 모양에 적힌 수의 합을 구해 보세요.

(63)

❖ 32+31=63

❸ ■ 모양에 적힌 수의 합을 구해 보세요.

(82)

❖ 52+30=82

❹ ♥ 모양에 적힌 수의 합을 구해 보세요.

(49)

❖ 15+34=49

2 6장의 수 카드 중 2장을 한 번씩만 사용하여 몇십몇을 만들려고 합니다. 만들 수 있는 수 중에서 가장 큰 수와 가장 작은 수의 차를 구해 보세요.

  4 9 2 0 3 7

❶ 만들 수 있는 가장 큰 수를 구해 보세요.

(97)

❖ 큰 수부터 차례로 쓰면 9, 7, 4, 3, 2, 0이므로 만들 수 있는 몇십몇 중 가장 큰 수는 97입니다.

❷ 만들 수 있는 가장 작은 수를 구해 보세요.

(20)

❖ 만들 수 있는 몇십몇 중 가장 작은 수는 20입니다.

❸ 만들 수 있는 몇십몇 중 가장 큰 수와 가장 작은 수의 차를 구해 보세요.

(77)

❖ 97-20=77

---

② 단계 교과 사고력 확장

3 보기의 규칙을 찾아 빈 곳에 알맞은 수를 써넣으세요.

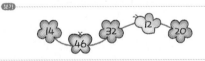

❶ 규칙을 찾아보세요.

🦋의 수는 양쪽에 있는 두 수의 ((합) , 차)이/가 되고,

🌼의 수는 양쪽에 있는 두 수의 (합 , (차))이/가 됩니다.

❖ 14+32=46이고 32-20=12이므로 나비 모양의 수는 양쪽에 있는 두 수의 합이고, 벌 모양의 수는 양쪽에 있는 두 수의 차입니다.

❷

❖ 나비 모양의 수: 17+42=59,
벌 모양의 수: 42-22=20

❸

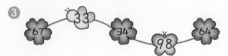

❖ 벌 모양의 수: 67-34=33,
나비 모양의 수: 34+64=98

4 4개의 벽돌의 순서를 바꾸어 (몇십몇)+(몇십몇)의 계산 결과가 가장 크게 되도록 식을 쓰고 계산해 보세요.

 2 3 + 1 6

❶ 주어진 벽돌에 적힌 수를 큰 수부터 차례로 써 보세요.

6 , 3 , 2 , 1

❷ (몇십몇)+(몇십몇)의 계산 결과가 가장 크게 되는 계산식을 쓰려고 합니다. ☐ 안에 알맞은 수를 써넣으세요.

합이 가장 크게 되려면 ㉠과 ㉢에 가장 큰 수와 둘째로 큰 수인 6, **3** 을/를 놓습니다.
㉡과 ㉣에는 나머지 수인 2, **1** 을/를 놓습니다.

❸ 덧셈식의 계산 결과가 가장 크게 되도록 식을 쓰고 계산해 보세요.

예 6 2 + 3 1 = 93

(또는 61+32=93, 32+61=93, 31+62=93)

❖ 덧셈식의 계산 결과가 가장 크게 되는 경우는 다음과 같습니다.

$$\begin{array}{r} 62 \\ +31 \\ \hline 93 \end{array} , \quad \begin{array}{r} 61 \\ +32 \\ \hline 93 \end{array} , \quad \begin{array}{r} 32 \\ +61 \\ \hline 93 \end{array} , \quad \begin{array}{r} 31 \\ +62 \\ \hline 93 \end{array}$$

3단계 교과 사고력 완성

평가 영역 ☑개념 이해력 □개념 응용력 □창의력 □문제 해결력

1 처음 시작한 수에서 사다리를 타고 내려가면서 만나는 계산식을 차례로 계산하여 빈 곳에 알맞은 수를 써넣으세요. (아래로 내려가면서 만나는 다리는 반드시 옆으로 건너야 합니다.)

❶
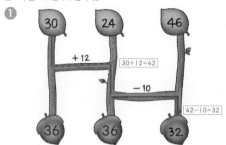
30 24 46

+12 30+12=42
−10 42−10=32
36 36 32

❖ ·24+12=36
·46−10=36

❷
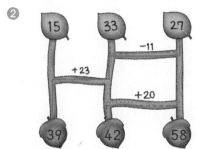
15 33 27
+23 −11
+20
39 42 58

❖ ·15+23=38 ➡ 38+20=58, ·33−11=22 ➡ 22+20=42
·27−11=16 ➡ 16+23=39

평가 영역 □개념 이해력 □개념 응용력 ☑창의력 □문제 해결력

2 주사위 눈의 수를 차례로 10개씩 묶음의 수와 낱개의 수로 하여 덧셈과 뺄셈을 했습니다. 빈 곳에 알맞은 주사위 눈을 그려 보세요.

❶ ·· + ·· = 58
❖
  2 3
+ □ 5
  5 8
➡ 2+□=5, □=3이므로 빈 곳에 알맞은 주사위 눈의 수는 3입니다.

❷ ·· + ·· = 87
❖
  4 1
+ 4 □
  8 7
➡ 1+□=7, □=6이므로 빈 곳에 알맞은 주사위 눈의 수는 6입니다.

❸ ·· − ·· = 32
❖
  6 5
− 3 □
  3 2
➡ 5−□=2, □=3이므로 빈 곳에 알맞은 주사위 눈의 수는 3입니다.

❹ ·· − ·· = 30
❖
  5 □
− 2 5
  3 0
➡ □−5=0, □=5이므로 빈 곳에 알맞은 주사위 눈의 수는 5입니다.

4주 사고력

Test 종합평가 6. 덧셈과 뺄셈(3)

맞은 개수

1 그림을 보고 □ 안에 알맞은 수를 써넣으세요.

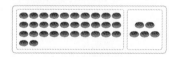

32+ 5 = 37

❖ 빵 32개와 5개는 모두 37개입니다. ➡ 32+5=37

2 빈칸에 알맞은 수를 써넣으세요.

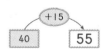
40 +15 55

❖ 40+15=55

3 계산이 잘못된 이유를 쓰고 바르게 계산해 보세요.

  2 3
+ 5
  7 3
➡
  2 3
+ 5
  2 8

이유 예 낱개끼리 줄을 맞추어 쓰고 계산하지 않아 틀렸습니다.

4 두 수의 합과 차를 각각 구해 보세요.

33 46

합 (79)
차 (13)

❖ 합: 33+46=79
차: 46−33=13

5 계산 결과가 같은 것끼리 이어 보세요.

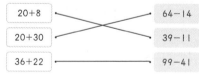
20+8   64−14
20+30   39−11
36+22   99−41

❖ 20+8=28, 20+30=50, 36+22=58
64−14=50, 39−11=28, 99−41=58

6 가장 큰 수와 가장 작은 수의 합을 구해 보세요.

23 11 50 68 37

(79)

❖ 가장 큰 수는 68이고 가장 작은 수는 11입니다.
➡ 68+11=79

4주 평가

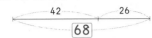Test 종합평가 6. 덧셈과 뺄셈(3)

정답과 풀이 p.24

7 □ 안에 알맞은 수를 써넣으세요.

42   26
[68]

❖ □는 42와 26의 합과 같습니다. → □=42+26=68

8 계산 결과를 비교하여 ○ 안에 >, =, <를 알맞게 써넣으세요.

79−36 < 15+31

❖ 79−36=43, 15+31=46 → 43<46

9 ♥에 알맞은 수를 구해 보세요.

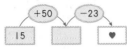

(42)

❖ 15+50=65 → 65−23=42이므로 ♥=42입니다.

10 지우네 학교 도서관에는 동화책이 85권 있고, 위인전이 62권 있습니다. 동화책은 위인전보다 몇 권 더 많은지 구해 보세요.

(23권)

❖ (동화책의 수)−(위인전의 수)=85−62=23(권)

11 56−32를 여러 가지 방법으로 계산하려고 합니다. □ 안에 알맞은 수를 써넣으세요.

방법1
56에서 2를 빼서 54를 구하고, 그 수에서 30을/를 빼서 24을/를 구했습니다. → 56−32=24

방법2
56에서 30을 빼서 26을 구하고, 그 수에서 2을/를 빼서 24을/를 구했습니다. → 56−32=24

❖ 방법1 56−32=56−2−30=54−30=24
방법2 56−32=56−30−2=26−2=24

12 두 수를 골라 덧셈식과 뺄셈식을 써 보세요.

[10] [25] [13] [42]

예 [25]+[13]=[38]
[42]−[10]=[32]

❖ 10+25=35, 13+42=55, 25−10=15, 25−13=12 등 여러 가지 덧셈식과 뺄셈식을 만들 수 있습니다.

13 □ 안에 알맞은 수를 써넣으세요.

(1)
  3 ㉠4
+ 4 5
──────
㉡7 9

(2)
  5 4
− 2 ㉠1
──────
㉡3 3

❖ (1) · ㉠+5=9에서 5와 더해서 9가 되는 수는 4이므로 ㉠=4입니다.
· 3+4=㉡, ㉡=7
(2) · 4−㉠=3에서 ㉠은 4보다 3 작은 수이므로 ㉠=4−3=1입니다.
· 5−2=㉡, ㉡=3

Test 종합평가 6. 덧셈과 뺄셈(3)

정답과 풀이 p.24

14 식을 보고 각각의 그림이 나타내는 수를 구해 보세요.

13+13=★
★+ 2 =♥
♥−15=♣

★ (26)
♥ (28)
♣ (13)

❖ 13+13=★, 13+13=26이므로 ★=26입니다.
★+2=♥에서 ★=26이므로 ♥=26+2, ♥=28입니다.
♥−15=♣에서 ♥=28이므로 ♣=28−15, ♣=13입니다.

15 0부터 9까지의 수 중에서 □ 안에 들어갈 수 있는 수는 모두 몇 개인지 구해 보세요.

86−12>7□

(4개)

❖ 86−12=74이므로 74>7□입니다.
따라서 □ 안에 들어갈 수 있는 수는 4보다 작아야 하므로 0, 1, 2, 3으로 모두 4개입니다.

16 수 카드를 한 번씩만 사용하여 몇십몇을 만들려고 합니다. 만들 수 있는 가장 큰 수와 가장 작은 수의 합과 차를 각각 구해 보세요.

 [4] [0] [2] [7]

합 (94)
차 (54)

❖ 만들 수 있는 가장 큰 수는 74이고, 가장 작은 수는 20입니다.
→ 합: 74+20=94, 차: 74−20=54

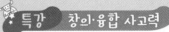 특강 창의·융합 사고력

정답과 풀이 p.24

1 양궁은 일정한 거리에 떨어져 있는 과녁에 맞힌 화살 수에 따른 점수의 합으로 겨루는 경기입니다. 동건이와 민수가 다음과 같이 과녁에 화살을 맞혔을 때 동건이는 민수보다 몇 점을 더 얻었는지 구해 보세요.

 동건    민수

(1) 동건이와 민수의 점수별 맞힌 화살 수를 구해 보세요.

점수	1점	5점	10점
동건이의 화살 수(개)	3	1	3
민수의 화살 수(개)	4	0	3

(2) 동건이와 민수가 얻은 점수를 각각 구해 보세요.

동건 (38점)
민수 (34점)

❖ 동건: 1점 3개, 5점 1개, 10점 3개 → 3+5+30=38(점)
민수: 1점 4개, 10점 3개 → 4+30=34(점)

(3) 동건이는 민수보다 몇 점을 더 얻었을까요?

(4점)

❖ 38−34=4(점)

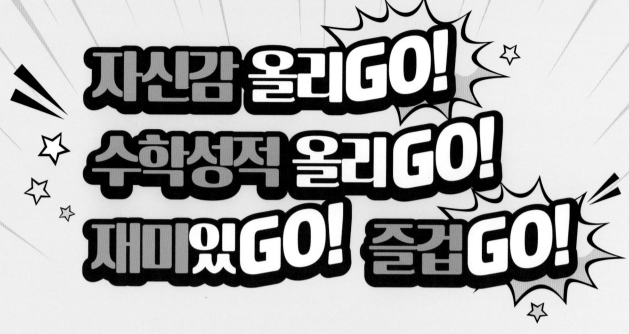

자신감 올리GO!
수학성적 올리GO!
재미있GO! 즐겁GO!

GO!

우리는 〈교과서+사고력〉으로 수학을 신나게 공부해요!

GO! 매쓰

자세한 문의는 ◯◯◯ - ◯◯◯◯ - ◯◯◯◯

천재교육

GO! 매쓰

수학 1-2

정답과 풀이

Jump

유형 사고력

Run

교과서 사고력

Start

교과서 개념